中天实训教程

高级维修电工实训指导

编审委员会

（排名不分先后）

本书主编：闫虎民

中国劳动社会保障出版社

图书在版编目（CIP）数据

高级维修电工实训指导/闫虎民主编. —北京：中国劳动社会保障出版社，2017
中天实训教程
ISBN 978-7-5167-2988-5

Ⅰ.①高… Ⅱ.①闫… Ⅲ.①电工-维修-教材 Ⅳ.①TM07

中国版本图书馆 CIP 数据核字（2017）第 105763 号

中国劳动社会保障出版社出版发行
（北京市惠新东街 1 号 邮政编码：100029）
*
北京市艺辉印刷有限公司印刷装订 新华书店经销
787 毫米×1092 毫米 16 开本 20.25 印张 1 插页 381 千字
2017 年 6 月第 1 版 2017 年 6 月第 1 次印刷
定价：49.00 元

读者服务部电话：（010）64929211/64921644/84626437
营销部电话：（010）64961894
出版社网址：http://www.class.com.cn

前 言

为加快推进职业教育现代化与职业教育体系建设，全面提高职业教育质量，更好地满足中国（天津）职业技能公共实训中心的高端实训设备及新技能教学需要，天津海河教育园区管委会与中国（天津）职业技能公共实训中心共同组织，邀请多所职业院校教师和企业技术人员编写了“中天实训教程”丛书。

丛书编写遵循“以应用为本，以够用为度”的原则，以国家相关标准为指导，以企业需求为导向，以职业能力培养为核心，注重应用型人才的专业技能培养与实用技术培训。丛书具有以下一些特点：

以任务驱动为引领，贯彻项目教学。将理论知识与操作技能融合设计在教学任务中，充分体现“理实一体化”与“做中学”的教学理念。

以实例操作为主，突出应用技术。所有实例充分挖掘公共实训中心高端实训设备的特性、功能以及当前的新技术、新工艺与新方法，充分结合企业实际应用，并在教学实践中不断修改与完善。

以技能训练为重，适于实训教学。根据教学需要，每门课程均有丰富的实训项目。在介绍一些必备理论知识的基础上，突出技能操作，严格实训程序，有利于技能养成和固化。

丛书在编写过程中得到了天津市职业技能培训研究室的积极指导，同时也得到了河北工业大学、天津职业技术师范大学、天津中德应用技术大学、天津机电工艺学院、天津轻工职业学院以及海克斯康测量技术（青岛）有限公司、ABB（中国）有限公司、天津领智科技有限公司、天津市翰本科技有限公司的大力支持与热情帮助，在此一并致以诚挚的谢意。

由于编者水平有限，经验不足，时间仓促，书中疏漏在所难免，衷心希望广大读者与专家提出宝贵意见和建议。

编审委员会

内容简介

本书以《维修电工国家职业技能职业标准》中对高级工电气设备故障检修的技能要求为基础，结合现代生产技术对电气控制技术人员的专业技能和职业技能需求编写而成。包括三个实训模块，其中模块一为机床线路安装、调试与检修，模块二为电力电子装置组装、调试与检修，模块三为直流调压/调速装置检修，通过教学情景描述、人才培养目标、指导性教学计划、一体化课程标准、项目实施方案和考核与综合评价等环节，完成项目教学。

本书由天津职业技术师范大学闫虎民老师担任主编，郝飞老师担任副主编，王二敏、马前帅及贾亦真老师参编。本书由李全利教授负责审稿。

本书既可以作为各类职业院校实训课程和职业技能鉴定的参考用书，还可供参加国内电气类职业技能竞赛的选手和指导教师参考使用。

目 录

实训模块一　机床线路安装、调试与检修

实训模块二　电力电子装置组装、调试与检修

实训模块三　直流调压/调速装置检修

实训模块四　技 能 鉴 定

实训模块一

机床线路安装、调试与检修

学习项目一　CA6140 型车床电气线路安装、调试与检修

实训目标

1. 能通过阅读实训情景，明确实训任务要求。

2. 熟悉 CA6140 型车床的结构及原理。

3. 掌握 CA6140 型车床线路图识图方法。

4. 能熟练按图样、工艺要求、安全规范等正确安装元器件，完成接线工作。

5. 能正确使用仪表检测电路安装的正确性，按照安全操作规程完成通电试车工作。

实训学时

30 课时

实训流程

学习情景一　实训任务

学习情景二　设备认知

学习情景三　识读 CA6140 型车床线路图

学习情景四　电气工艺

学习情景五　故障检修一般方法

学习情景六　计划与实施

学习情景七　学习过程评价

学习情景一 实训任务

情景导入

融入行动导向的职业教育理念，通过情景化的教学设计，根据现场调研的CA6140型普通车床电气线路装配要求，完成实训任务单。学习职业活动中所需的基本知识、专业技能，培养职业素养及综合分析问题、解决问题的能力。

一、实训情景

某工厂有一批CA6140型车床一直用于生产，现在由于使用时间较长，部分电气线路发生老化现象，经常发生各种不明原因的故障。现该工厂委托我公司对该批车床的电气线路进行更新，要求更换控制电路的全部元器件，在原来的配电盘上进行装配，完成系统整机调试及修复工作，要求在7个工作日内完成。

公司技术员小郝与工厂相关人员进行沟通，现场勘查了场地状况，与工厂进行沟通，并做出初步方案且征得工厂同意。小郝和相关技术人员制订了详细的工作计划，然后到现场改装系统并完成调试，最终使车床恢复生产，并配合公司负责人完成项目验收工作。CA6140型车床如图1—1—1所示。

二、实训任务单

明确实训任务的工作内容、时间要求及验收标准，并根据实际情况完成表1—1—1。

图 1—1—1　CA6140 型车床

表 1—1—1　　　　　　　　______________________项目联系单

<table>
<tr><td colspan="3">项目名称</td><td colspan="2">CA6140 型车床电气线路安装、调试与检修</td><td>工时</td><td></td></tr>
<tr><td colspan="3">实训地点</td><td colspan="2"></td><td>联系人</td><td></td></tr>
<tr><td colspan="3">安装人员</td><td colspan="2"></td><td>承接时间</td><td>年　月　日</td></tr>
<tr><td>实训目标</td><td>能力目标</td><td colspan="3">（1）能正确选择和整定所用的电气元件
（2）能够正确、合理使用电工工具和电工仪表
（3）能够正确绘制布局图、接线图
（4）能够正确安装与检测线路，准确判断故障并排除</td><td>知识目标</td><td>（1）了解 CA6140 型普通车床的运动形式和控制要求
（2）能够独立分析 CA6140 型普通车床整机电气控制电路</td></tr>
<tr><td rowspan="6">工具器材准备</td><td colspan="3">仪器设备</td><td>数量</td><td>主要工具</td><td>数量</td></tr>
<tr><td colspan="3"></td><td></td><td></td><td></td></tr>
<tr><td colspan="3"></td><td></td><td></td><td></td></tr>
<tr><td colspan="3"></td><td></td><td></td><td></td></tr>
<tr><td colspan="3"></td><td></td><td></td><td></td></tr>
<tr><td colspan="3"></td><td></td><td></td><td></td></tr>
</table>

续表

<table>
<tr><td rowspan="21">工具
器材
准备</td><td>仪器设备</td><td>数量</td><td>主要工具</td><td>数量</td></tr>
<tr><td></td><td></td><td></td><td></td></tr>
<tr><td></td><td></td><td></td><td></td></tr>
<tr><td></td><td></td><td></td><td></td></tr>
<tr><td></td><td></td><td></td><td></td></tr>
<tr><td></td><td></td><td></td><td></td></tr>
<tr><td></td><td></td><td></td><td></td></tr>
<tr><td></td><td></td><td></td><td></td></tr>
<tr><td></td><td></td><td></td><td></td></tr>
<tr><td></td><td></td><td></td><td></td></tr>
<tr><td></td><td></td><td></td><td></td></tr>
<tr><td></td><td></td><td></td><td></td></tr>
<tr><td></td><td></td><td></td><td></td></tr>
<tr><td></td><td></td><td></td><td></td></tr>
<tr><td></td><td></td><td></td><td></td></tr>
<tr><td></td><td></td><td></td><td></td></tr>
<tr><td></td><td></td><td></td><td></td></tr>
<tr><td></td><td></td><td></td><td></td></tr>
<tr><td></td><td></td><td></td><td></td></tr>
<tr><td></td><td></td><td></td><td></td></tr>
<tr><td></td><td></td><td></td><td></td></tr>
<tr><td>引导
资料</td><td colspan="4"></td></tr>
</table>

续表

<table>
<tr><td colspan="4">任务计划</td></tr>
<tr><td rowspan="16">任务实施时间节点</td><td>情景实施步骤</td><td>计划时间</td><td>过程评估与分析</td></tr>
<tr><td></td><td></td><td></td></tr>
<tr><td></td><td></td><td></td></tr>
<tr><td></td><td></td><td></td></tr>
<tr><td></td><td></td><td></td></tr>
<tr><td></td><td></td><td></td></tr>
<tr><td></td><td></td><td></td></tr>
<tr><td></td><td></td><td></td></tr>
<tr><td></td><td></td><td></td></tr>
<tr><td></td><td></td><td></td></tr>
<tr><td></td><td></td><td></td></tr>
<tr><td></td><td></td><td></td></tr>
<tr><td></td><td></td><td></td></tr>
<tr><td></td><td></td><td></td></tr>
<tr><td></td><td></td><td></td></tr>
<tr><td></td><td></td><td></td></tr>
<tr><td rowspan="3">问题讨论</td><td colspan="3"></td></tr>
<tr><td colspan="3"></td></tr>
<tr><td colspan="3"></td></tr>
<tr><td rowspan="3">工厂评定</td><td colspan="2">评定内容</td><td>验收结论</td></tr>
<tr><td colspan="2" rowspan="2"></td><td>通过 □</td></tr>
<tr><td>暂缓通过 □</td></tr>
</table>

学习情景二　设 备 认 知

情景导入

教师引领学生观看CA6140型车床结构及加工过程的相关视频，并组织学生实地考察，了解CA6140型普通车床的结构、运动形式及加工过程，熟悉各电动机和电气控制箱中控制电器的位置，使学生在开展工作前对CA6140型普通车床有一个感性认识，为项目结束时的车床试运行打好基础。

一、认识CA6140型车床

车床是一种应用极为广泛的金属切削机床，能够车削外圆、内孔、端面、螺纹及进行切断和车槽等，并可以装上钻头或铰刀进行钻孔和铰孔等加工。

1. CA6140型车床是一种在机械加工中应用较广泛的设备，如图1—2—1所示为CA6140型车床的外形及结构。它主要由床身、主轴箱、进给箱、溜板箱、刀架、卡盘、尾座、丝杠和光杠等部分组成。通过现场观察与询问，写出各主要部件的名称及其作用。

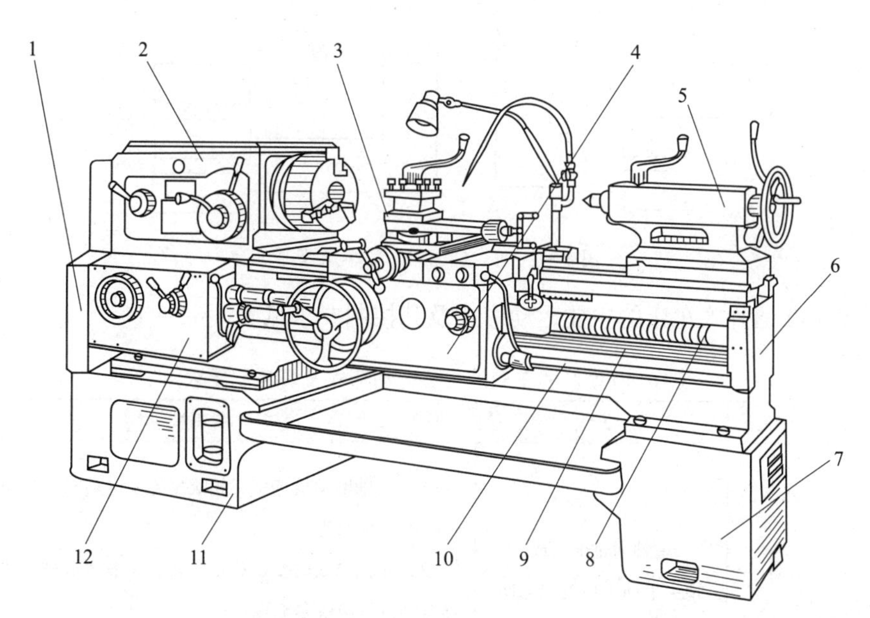

图1—2—1　CA6140型车床的外形及结构

1—________________

2—________________

3—________________

4—________________

5—________________

6—________________

7—________________

8—________________

9—________________

10—________________

11—________________

12—________________

2. 查阅相关资料，在方框中写出图 1—2—2 所示的 CA6140 型车床型号的含义。

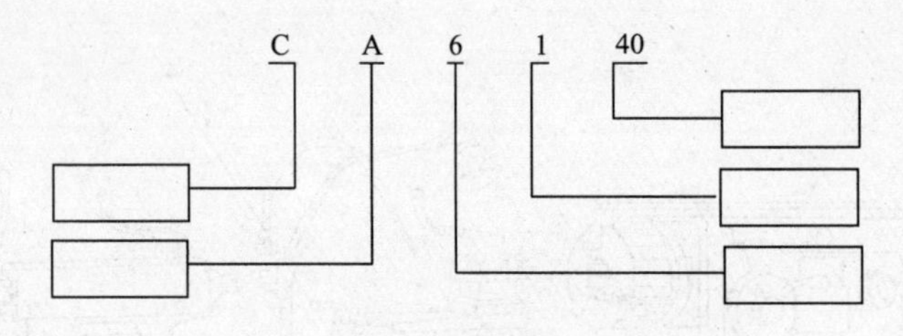

图 1—2—2 CA6140 型车床型号

3. CA6140 型卧式车床的主要运动形式及其控制要求见表 1—2—1。

表 1—2—1 CA6140 型卧式车床的主要运动形式及其控制要求

序号	运动种类	运动形式	控制要求
1	主运动	主轴通过卡盘或顶尖带动工件旋转运动	（1）主轴电动机选用三相笼型异步电动机，采用齿轮箱进行机械有级调速 （2）车削螺纹时要求有正反转，一般由机械方法实现，主轴电动机只做单向旋转 （3）主轴电动机的容量不大，可采用直接启动

续表

序号	运动种类	运动形式	控制要求
2	进给运动	刀架带动刀具直线运动	由主轴电动机拖动，主轴电动机的动力通过齿轮箱传递给进给箱，实现刀具的纵向和横向进给运动。加工螺纹时，要求刀具移动和主轴转动有固定的比例关系
3	辅助运动	刀架的快速移动	刀架快速移动由电动机拖动，电动机可直接启动，不需要正反转和调速
		尾座的纵向移动	由手动操作控制
		工件的夹紧与放松	由手动操作控制
		加工过程的冷却	冷却泵电动机和主轴电动机要实现顺序控制，冷却泵电动机不需要正反转和调速控制

根据现场对 CA6140 型卧式车床的考察，结合以上描述，简要画出这几种运动的相对位置关系。

二、认识车床控制系统

1. 在教师引导下，查看车床线路，注意观察配电盘到电动机、照明灯具、各操作按钮之间的引线是如何安装的，并做好记录。

2. 简要说明电源线从什么位置引入配电盘，配电箱采用哪种配线方式。

3. 观察配电箱门打开或关闭时有什么不同，想一想，为什么？

学习情景三　识读 CA6140 型车床线路图

情景导入

教师利用多媒体或板书讲解机床线路电气原理图的正确识读方法，分析控制器件的动作过程和电路的控制原理。

一、电气原理图识图方法

1. 电路图按电路功能分成若干控制单元，并用文字将其功能标注在电路图上部的栏内，如图 1—3—1 所示为 CA6140 型车床电气原理图，按功能分为电源保护、电源开关、主轴电动机等 12 个单元电路。

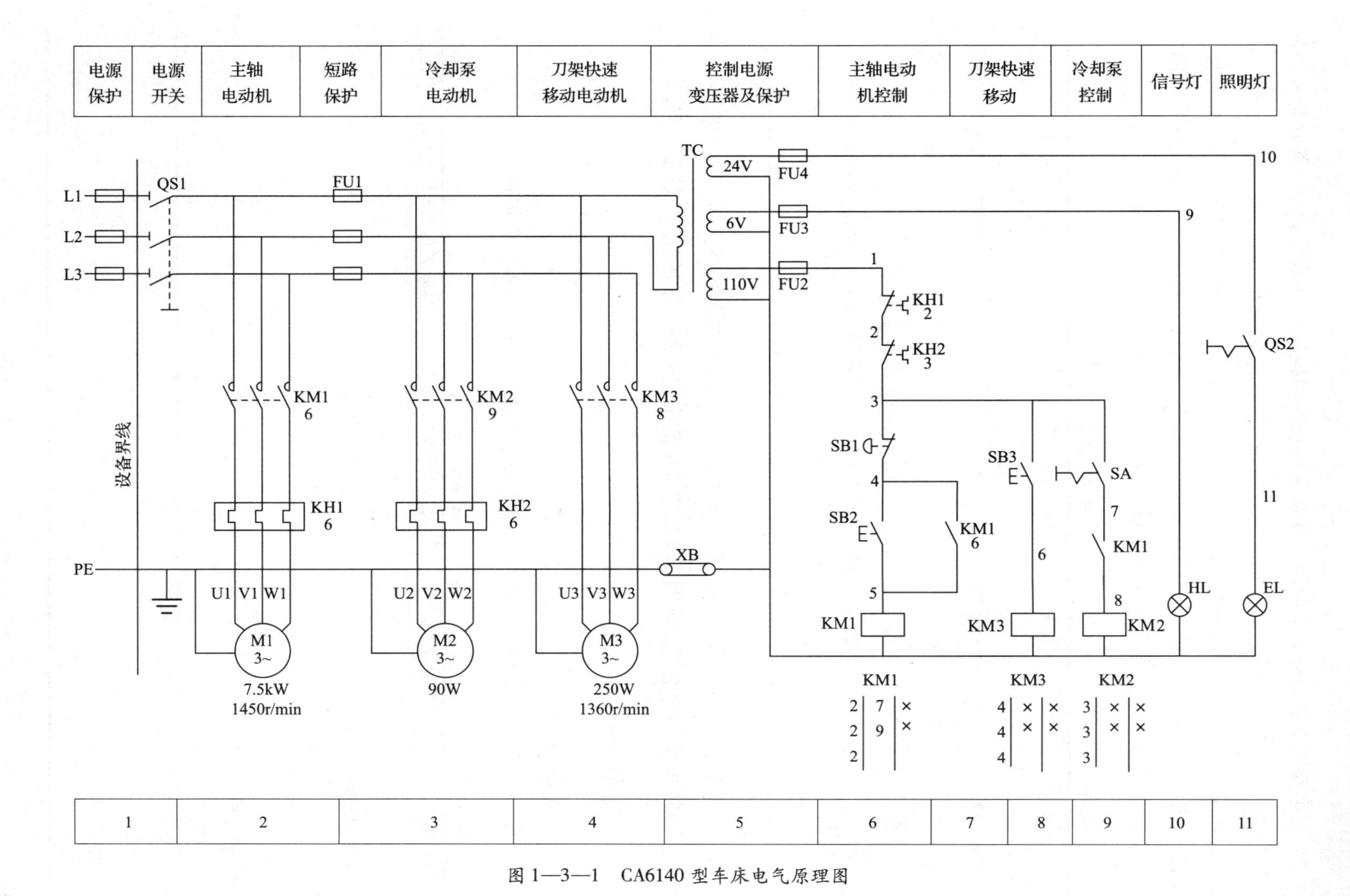

图1—3—1　CA6140型车床电气原理图

2．在电路图下部划分若干区域，并从左到右用阿拉伯数字编号标注。通常是一条回路或者一条支路划为一个图区，图 1—3—1 划分了 11 个图区。

3．在电路图中，每个接触器线圈下方画出两条竖直线，分成左、中、右三栏；每个继电器线圈下方画出一条竖线，将其分成两栏。把受其线圈控制而动作的触头所在的图区号填入相应的栏内，把没有用到的触头标为“×”或者不标，见表 1—3—1。

表 1—3—1　　触头的含义

栏目	左栏	中栏	右栏
触头类型	主触头所处的图区号	辅助常开触头所处的图区号	辅助常闭触头所处的图区号
KM1 2　7　× 2　9　× 2	表示 3 个主触头都在图区 2	表示一对辅助常开触头在图区 7，另一对辅助常开触头在图区 9	表示两对辅助常闭触头未用

4．电路图中触头文字符号下面用数字表示该电气线圈所处的图区号。识读图 1—3—1 所示的 CA6140 型车床电气原理图，在图中分别圈出主电路、控制电路、辅助电路。

二、电路分析

1．主电路分析

完成表 1—3—2，说明主电路中主要设备的作用、控制器件及工作原理。

表 1—3—2　　主电路分析

名称及代号	作用	控制器件	过载保护器件	短路保护器件
主轴电动机 M1				
冷却泵电动机 M2				
刀架快速移动电动机 M3				

（1）主轴电动机 M1 的控制。

（2）冷却泵电动机 M2 的控制。

（3）刀架快速移动电动机 M3 的控制。

2．控制电路分析

完成表 1—3—3，说明控制电路中主要设备的作用、控制器件及工作原理。

表 1—3—3　控制电路分析

名称及代号	作用	控制器件	过载保护器件	短路保护器件

（1）主轴电动机 M1 的控制。

（2）冷却泵电动机 M2 的控制。

（3）刀架快速移动电动机 M3 的控制。

（4）照明及信号电路控制。

学习情景四　电 气 工 艺

情景导入

教师利用多媒体及配电盘实物讲解机床线路配线工艺，学习电气标准化制作工艺及流程。根据实际情况引导学生正确绘制安装图、接线图。

一、机床线路元器件安装

1．元器件的安装

（1）为了保证强度，低压元器件应固定在金属底板、网孔板、桁架、较厚的绝缘树脂板上，并且保证安装平台能够经受一定的冲击和振动。特定场合下，还需要有防潮、防尘、防振措施。

（2）元器件必须经过检测才能安装并固定。

（3）元器件安装位置必须与安装位置图保持一致。

（4）操作站的按钮必须正确安装，按钮必须拧上紧固螺钉。

2．螺钉安装与固定方式

（1）所有元器件固定时，一般至少需要安装两个螺钉，个别特殊的元器件除外（如二极管、整流桥等）。对于比较重的元器件（如控制变压器等），则必须保证用螺钉安装，而且要求安装四个螺钉。

（2）用螺钉固定元器件时，一般应使用与元器件安装孔大小相适应的圆帽一字螺钉，穿过元器件与安装底板后，加弹簧垫及平垫，然后用螺母锁紧。

（3）水平安装时，需要保证元器件的进线端在上方，出线端在下方；垂直安装时，一般应将进线端放置在左端，出线端放置在右端。

3．导轨安装与固定方式

（1）采用导轨安装时，一般采用 35 mm 标准 DIN 导轨安装。只需将导轨和安装平台固定牢固，然后将元器件卡在合适的位置即可，但是元器件两端必须有固定卡具。

（2）采用导轨安装时，一般不允许垂直安装。水平安装的元器件，其活动卡必须在导轨下方。

4. 根据现场实际情况绘制 CA6140 型车床元器件布局图。

二、机床线路配线工艺规范

1. 导线编号

在继电控制线路的原理图中，导线的编号是配线安装和故障检修的重要依据，绝对不能缺失。一般将导线的编号简称为线号，线以导线连接点和电路节点为主要依据，每一个节点只能有一个线号，一个线号和另一个线号之间必须经过一个元器件。继电控制线路的原理图一般包括主电路、控制电路、辅助电路三个部分。在不同的区域，线号的编制原则是不同的。

（1）主电路编号

1）主电路的线号除了电网电压进入配电盘的端子外，其他线号均需以 U、V、W 作为前缀，然后以两位阿拉伯数字作为后缀。而交流异步电动机的连接端子一般使用 U、V、W 作为前缀和一位阿拉伯数字作为后缀，如图 1—4—1 所示。

2）如果主电路中有多个被控制对象的分支，一般首先将两位阿拉伯数字后缀的十位依次增大，然后在分支内将后缀的个位依次增大。如果主电路中有多台电动机，其线号在前面电动机端子线号的基础上，将阿拉伯数字顺序增大，如图 1—4—2 所示。

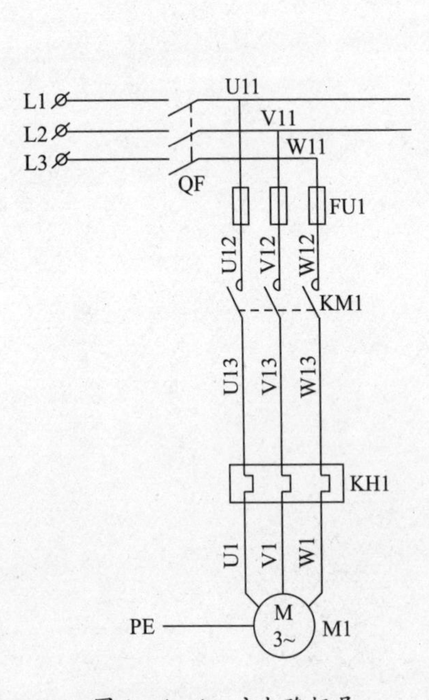

图 1—4—1　主电路标号

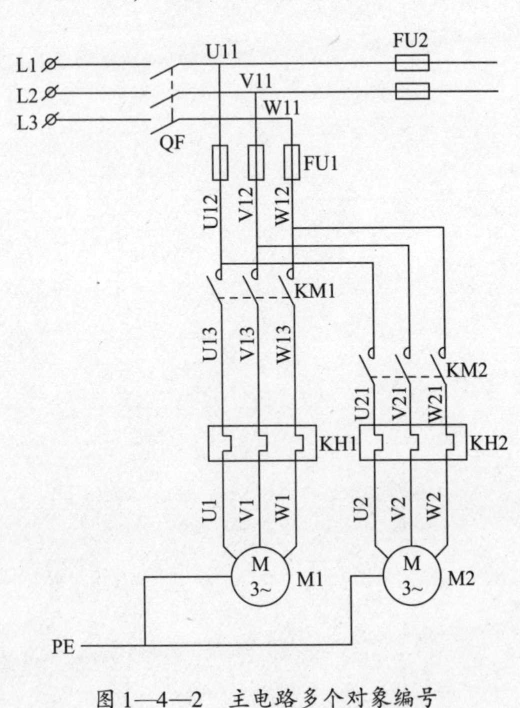

图 1—4—2　主电路多个对象编号

（2）控制电路编号

1）从熔断器之后开始，以一位阿拉伯数字开始标注。离接触器线圈距离最近的熔断器的线号为 0。

2）另外一个熔断器之后的线号为1，以后每经过一个元器件，线号按顺序依次增大。

3）当遇到电路分支时，应该遵循从上到下、从左到右的原则编制线号。不允许编号较小的线号出现在编号大的线号下方或右方。

4）如果控制电路中有辅助电路部分，可以考虑采用两位或三位阿拉伯数字编号。

（3）根据标准编号原则对CA6140型车床电路进行导线编号，如图1—4—3所示。

2. 配电盘配线方法分类

第一种方法是将元器件固定在配电盘上后，直接使用硬导线连接各元器件，称为板前硬线明敷，这种配线方式对硬线配线工艺要求比较高。

第二种方法是在配电盘上打孔，然后在板后用硬线连接各元器件，这样虽然比较费事，但是配电盘正面看起来比较整洁，对硬线配线工艺要求不高。

第三种是在配电盘上敷设线槽，然后用软线配线，软线通过线槽，当盖上线槽盖后，配电盘也比较美观。这种方法比较适合配电盘上导线比较多的情况。

3. 导线的选用要求

（1）硬线只能用在固定安装的不动部件之间，且导线的截面积应小于1.5 mm^2。若在有可能出现振动的场合或导线的截面积大于等于1.5 mm^2时，必须采用软线。

（2）电源开关的负载侧可采用裸导线，但必须是直径大于3 mm的圆导线或厚度大于2 mm的扁导线，并应有预防直接接触的保护措施（如绝缘、间距、屏护等）。

（3）在配电盘上的导线必须保证绝缘良好，并应具有耐化学腐蚀的能力。在特殊条件下工作的导线必须同时满足使用条件的要求。

（4）导线的截面积在必须承受正常条件下流过的最大稳定电流的同时，还应考虑到线路允许的电压降、导线的强度及与熔断器的配合。

4. 导线的敷设方法

所有导线从一个端子到另一个端子的走线必须是连续的，中间不得有接头。如果为了特定功能需要或者为了测试需要必须留有接头，则有接头的地方应使用接线盒。接线盒的位置应便于安装与检修，而且必须加盖，盒内导线必须留有足够的长度，以便于拆线和接线。

敷线时，对明露导线必须确保平直、整齐、走线合理等。

5. 接线方法

所有导线的连接必须牢固，不得松动。在任何情况下，连接器件必须与连接的导线截面积和材料性质相适应。

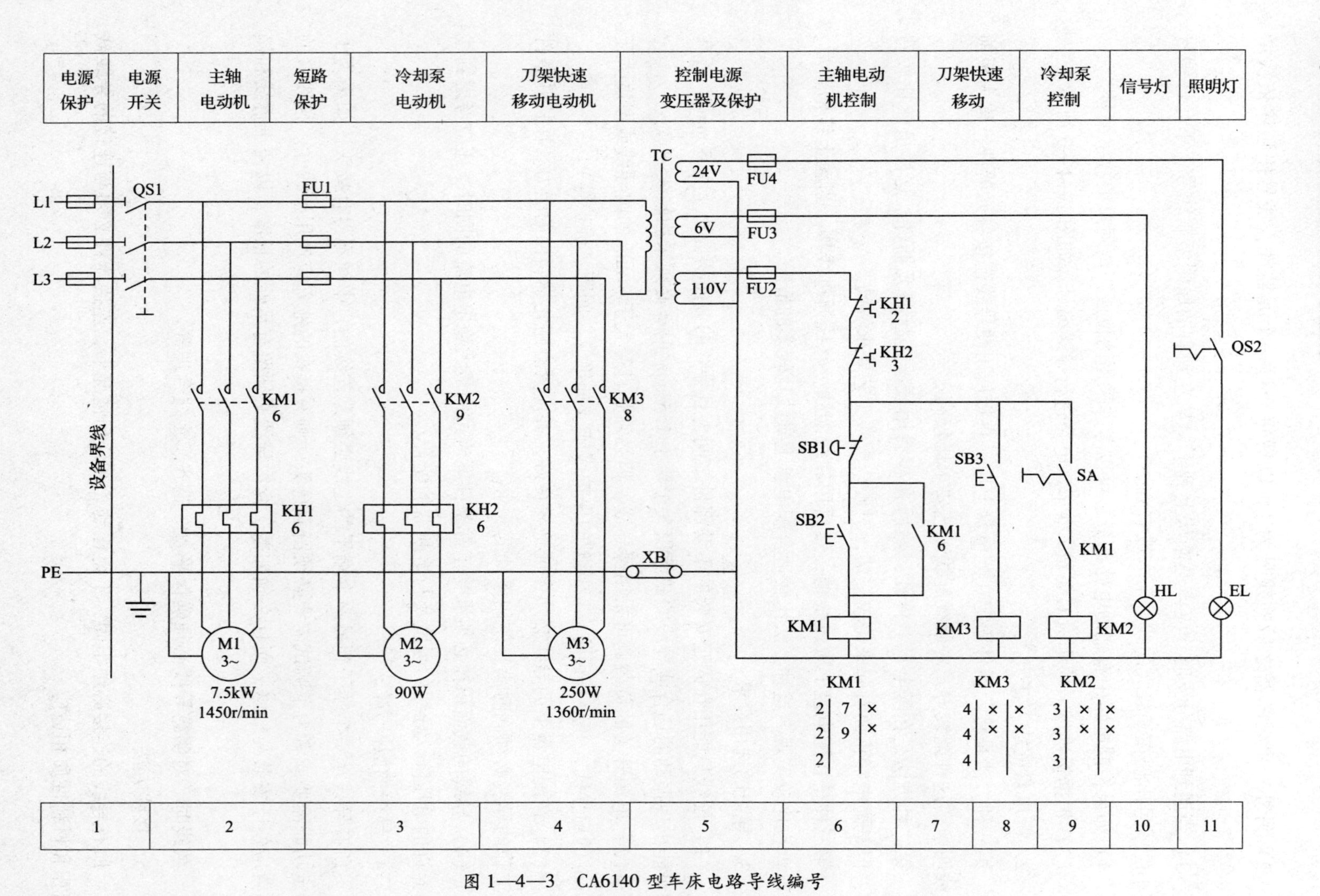

图 1—4—3　CA6140 型车床电路导线编号

导线与端子的接线，一个端子最多只允许连接两根导线。有些端子不适合连接软导线时，可在导线端头采用针形、叉形等冷压接线头。如果采用专门设计的端子，可以连接两根或多根导线，但导线的连接方式必须是工艺上成熟的各种方式，如夹紧、压接、焊接、绕接等。这些连接工艺应严格按照工序要求进行。

导线的接头除必须采用焊接方法外，所有导线应当采用冷压接线头。如果电气设备在正常运行期间承受很大振动，则不允许采用焊接的接头。

6. 导线的颜色

（1）保护导线（PE）必须采用黄绿双色。

（2）动力电路的中线（N）和中间线（M）必须是浅蓝色。

（3）交流或直流动力电路应采用黑色。

（4）交流控制电路采用红色。

（5）直流控制电路采用蓝色。

（6）用作控制电路联锁的导线，如果与外边的控制电路连接，而且当电源开关断开仍带电时，应采用橘黄色或黄色。

（7）与保护导线连接的电路采用白色。

7. 硬线配线工艺

（1）导线在配电盘上必须贴着盘面走线，不允许架空（短距离允许），导线应紧挨着集中布置，不得在盘面上交叉。

（2）导线必须横平竖直，弯角必须为90°。

（3）导线连接处不能露铜、反圈、压导线绝缘皮。

（4）每根导线必须套线号管，硬线线号管用异形管，长度一般为8～12 mm，并且要注意线号的标注方向。

（5）导线并行较多时，可以使用线卡进行固定。

（6）主电路与控制电路在端子板上必须分开，不能混在一起。控制板以外的电路必须用软线连接。

8. 软线配线工艺

（1）软线配线时，必须使用各类冷压端子。连接压板式端子时，应压接针式线鼻或U形线叉；但在按钮盒内，为了防止导线掉落而导致意外，建议使用O形线叉。压接针式线鼻时，需要保证线鼻上的纹理为斜纹或横纹；而使用线叉时，必须保证线叉尾部完全包裹导线，并有足够的握力。

（2）软线配线一定要保证没有毛刺。

（3）每根导线也需要穿套线号管，软线线号管用PVC圆形套线管，长度一般为8～

12 mm，并且要注意线号的标注方向。

（4）在硬线配盘训练中，按钮盒与端子排之间也要用软线连接起来，并且用塑料螺旋管或尼龙扎带进行绑扎固定。

9. 根据工艺规范绘制 CA6140 型车床施工接线图

（1）主线路接线图

（2）控制线路接线图

学习情景五　故障检修一般方法

情景导入

教师讲解常用电气系统维修方法，并具体举例说明。

一、故障判断

判断故障的方法可用中医学中的望、闻、问、切四个字来概括。

望：看是否有断线，是否有元器件烧坏的明显痕迹等异常现象，看周围环境对电路是否有影响等。

闻：是否有异味（常规为煳味），是否有异常的声音。

问：询问设备操作人员故障的现象及出现故障时的情况，以前是否修理过等。

切：根据以上发现的问题，确定检修方案，逐项测试电路，直至发现问题并排除。

二、故障检修必备条件

1. 必须具备必要的资料及工具、仪表

一般须有详细的图样、手册，如无原理图则须对照实物绘出原理图，还需具备修理所用的常规仪表、工具。

2. 必须具备必要的专业知识

能理解电路的原理图，具有一定的理论基础，了解实物的结构，能对照实物指出各元器件在原理图中的位置或对着原理图指出各元器件的实物位置。掌握电路在标准状态的各点参数（电压、电流、波形等）。

三、查找故障的方法

判断故障的一般方法有断电判断、通电判断、替换等。一般先通过断电判断故障，这种判断方法比较安全，在判断强电类故障时尤其重要。在断电情况下无法判断时再采取通电判断。

断电判断一般采用电阻测量法。

通电判断一般采用电压测量法、电流测量法、短路法、模拟负载法等。

如采用断电、通电均无法准确判断故障所在部位时，还可采用替换法，这种方法对一些软故障的判断很有效。

四、案例说明：电阻测量法

查找故障点的方法有很多种，万用表电阻测量法是较为常用的一种方法。查阅相关资料，并通过以下简单“启—保—停”控制线路的排故分析掌握这种检修方法。

1．电阻分段法

把万用表的转换开关置于倍率适当的电阻挡上，然后按图 1—5—1 所示的方法逐段测量相邻点 1—2、2—3、3—4、4—0（测量时由 1 人按下 SB1）之间的电阻，分析测量结果，补全表 1—5—1。

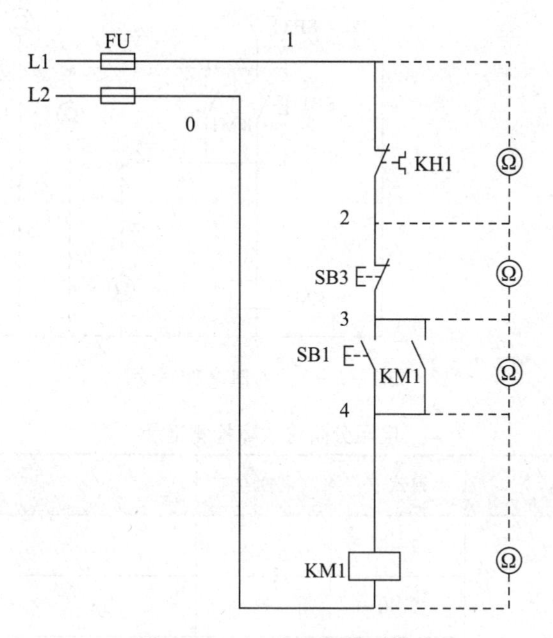

图 1—5—1　电阻分段测量

表 1—5—1　　　　电阻分段法故障检测记录

故障现象	测试点	电阻值	故障点
按下 SB1	1—2	∞	
	2—3	∞	
	3—4	∞	
	4—0	∞	
不按下 SB1	1—2		
	2—3		
	3—4		
	4—0		

2．电阻分阶法

把万用表的转换开关置于倍率适当的电阻挡上，然后按图 1—5—2 所示的方法逐阶测量相邻点 1—0、2—0、3—0、4—0（测量时由 1 人按下 SB1）之间的电阻，分析测量结果，补全表 1—5—2。

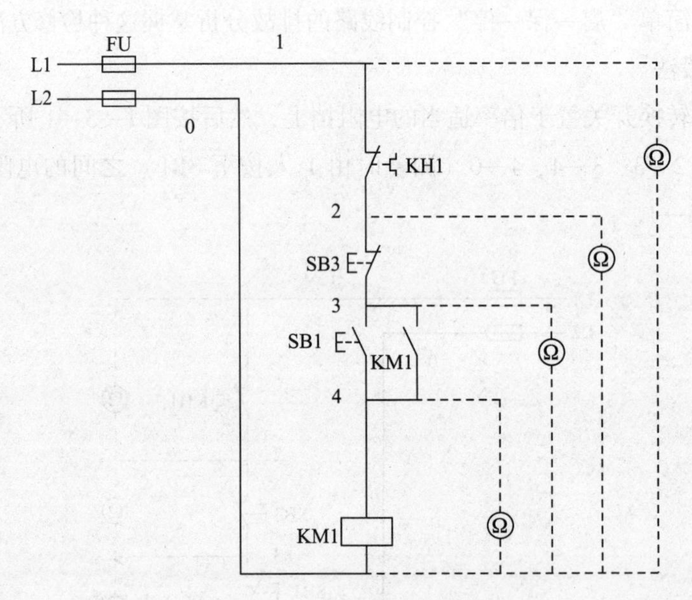

图 1—5—2　电阻分阶测量

表 1—5—2　电阻分阶法故障检测记录

故障现象	测试点	电阻值	故障点
按下 SB1 时	1—0	∞	
	2—0	∞	
	3—0	∞	
	4—0	∞	
不按下 SB1 时	1—0		
	2—0		
	3—0		
	4—0		

3. 比较电阻分阶测量与电阻分段测量两种检修方法各有什么好处。

五、案例说明：电压测量法

在利用电阻测量法查找故障点时，必须在断电情况下进行，利用电压测量法则可以在通电状态下进行故障点的检测。

1. 电压分阶法

把万用表的转换开关置于交流电压 500 V 的挡位上，然后按图 1—5—3 所示的方法进行测量，分析测量结果，补全表 1—5—3。

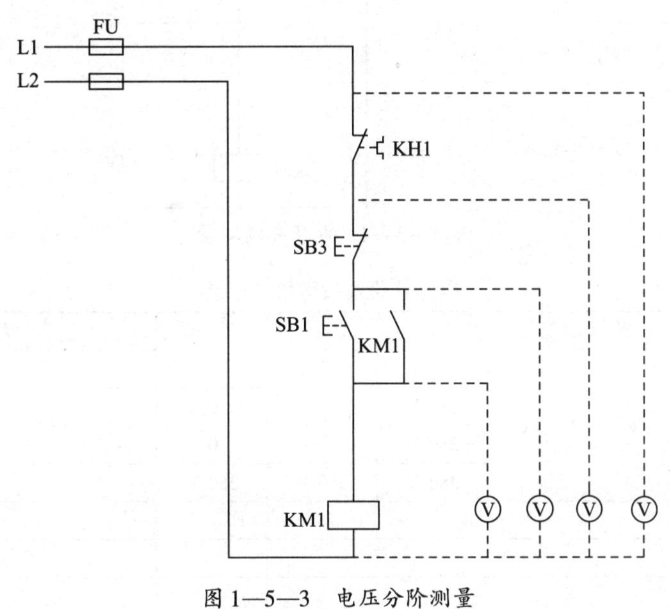

图 1—5—3 电压分阶测量

表 1—5—3　　　　　　　　　　电压分阶法故障检测记录

故障现象	测试状态	0—2	0—3	0—4	故障点
按下 SB1 时，KM1 不吸合	按下 SB1 不放		0		KH 常闭触点接触不良
		380 V	0	0	
		380 V		0	SB1 接触不良
		380 V	380 V	380 V	

2．电压分段法

把万用表的转换开关置于交流电压 500 V 的挡位上，然后按图 1—5—4 所示的方法进行测量，分析测量结果，补全表 1—5—4。

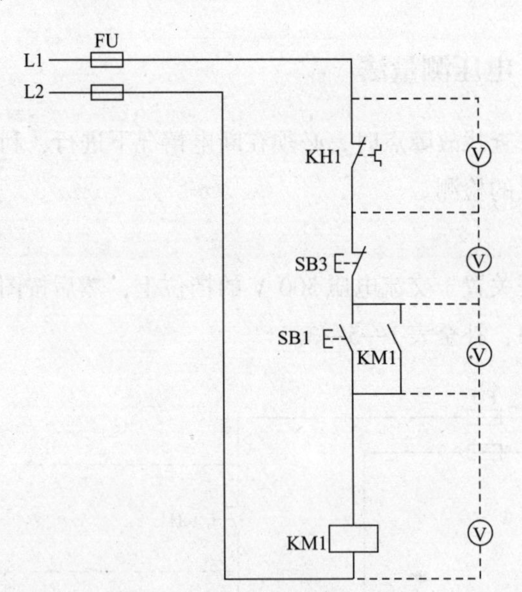

图 1—5—4　电压分段测量

表 1—5—4　　　　　　　　　　电压分段法故障检测记录

故障现象	测试状态	0—2	0—3	0—4	故障点
按下 SB1 时，KM1 不吸合	按下 SB1 不放		0		
		380 V	0	0	
		380 V		0	
		380 V	380 V	380 V	

学习情景六　计划与实施

一、制订施工计划

查阅相关资料，了解任务实施的基本步骤，结合实际情况，小组讨论并制订工作计划。

"CA6140 型车床电气线路安装、调试与检修"工作计划

一、人员分工

1. 小组负责人：________

2. 小组成员及分工

姓名	分工

二、材料清单

1. 元器件及材料清单

序号	名称	型号	数量

2．工具清单

序号	名称	型号规格	数量

三、工序及工期安排

序号	工作内容	完成时间	备注

四、安全防护措施

二、现场施工

1．安装元器件和布线

根据电气设备控制线路的安装步骤和工艺要求，检索资料，完成安装任务。在表1—6—1中记录安装过程中遇到的问题及解决方法。

表1—6—1　　　　施工记录

所遇问题	解决方法

2. 安装完毕进行组内自检和互检

安装完毕，在不通电的情况下用万用表进行自检，保证所安装元器件及所配导线固定可靠，连接正确，动作没有卡顿。记录自检的项目、过程、测试结果、所遇问题和处理方法。自检与互检无误后，张贴标签，清理现场。

(1) 在表 1—6—2 中记录主电路线路检查结果。

表 1—6—2 主电路线路检查记录

线号	节点	检查结果

（2）在表 1—6—3 中记录控制电路线路检查结果。

表 1—6—3　　控制电路线路检查记录

线号	节点	检查结果

（3）在表 1—6—4 中记录操作站线路检查结果。

表 1—6—4　　操作站线路检查记录

线号	节点	检查结果

3．通电试车

在不通电的情况下线路检查无误后，经教师同意，可以通电试车，观察电动机的运行状态，测量相关技术参数。电动机运行正常无误后，标注有关控制功能的铭牌标签，清理工作现场，交付验收人员检查。

4．项目验收

（1）将通电试车功能记录于表1—6—5中。

表1—6—5　设备功能记录

测试内容	主轴状况	冷却状况	刀架移动情况	能否过载保护	能否短路保护	能否联锁保护	调试结果（合格或不合格）	
							自检	互检
CA6140型车床								

（2）在验收阶段，各小组安排代表交叉验收，填写表 1—6—6 所列的验收记录。

表 1—6—6　　验收记录

验收记录问题	整改措施	完成时间	备注

（3）以小组为单位填写 CA6140 型车床电气线路安装与调试任务验收报告（见表 1—6—7），并将学习情景一中的实训任务单填写完整。

表 1—6—7　　　　CA6140 型车床电气线路安装与调试任务验收报告

工程项目名称				
建设单位		联系人		
地址		电话		
施工单位		联系人		
地址		电话		
项目负责人		施工周期		
工程概况				
现存问题			完成时间	
改进措施				
验收结果	主观评价	客观测试	施工质量	材料移交

5. 设备优化与简单维修

若经过试运行与验收，发现车床控制线路达不到功能要求，说明电路中存在故障，首先需要立即断电，然后根据原理图分析故障现象，选择合理的检测及维修方法来检测故障并进行排除。

小组间相互交流，将各自遇到的故障现象、故障原因和检修思路记录在表 1—6—8 中。

表 1—6—8　　　　故障记录

故障现象	故障原因	检修思路

续表

故障现象	故障原因	检修思路

6. 设备调试

根据前面任务学习完成车床的调试，并简要叙述调试方法。

学习情景七　学习过程评价

情景导入

教师集中讲解评价标准，小组进行任务评价。

一、工作计划评价

以小组为单位展示本组制订的工作计划，然后在教师点评的基础上对工作计划进行修改和完善，并根据表1—7—1所列评分标准进行评分。

表1—7—1　　CA6140型车床电气线路安装、调试与检修工作计划评价表

评价内容	分值	评分		
		自我评价	小组评价	教师评价
计划制订是否有条理	10			
计划是否全面、完善	10			
人员分工是否合理	10			
任务要求是否明确	20			
工具清单是否正确、完整	20			
材料清单是否正确、完整	20			
团队协作	10			
合计	100			

二、施工评价

以小组为单位展示本组施工成果，根据表 1—7—2 所列评分标准进行评分。

表 1—7—2　　　CA6140 型车床电气线路安装、调试与检修施工评价表

评价内容		分值	评分		
			自我评价	小组评价	教师评价
元器件布局	在配电盘上布局合理、规范	20			
	元器件固定牢固、美观				
配线工艺	导线选择正确	40			
	接线终端合理				
	导线余量合理				
	布线美观				
设备调试（抽签）	单元一调试正确	10			
	单元二调试正确				
	单元三调试正确				
	单元四调试正确				
故障排除	用正确的方法排除故障点	20			
	检修中不扩大故障范围或产生新的故障，一旦发生，能及时自行修复				
	工具、设备无损伤				
安全文明生产	遵守安全文明生产规程	10			
	施工完成后认真清理现场				
施工额定用时：________ 实际用时：________ 超时扣分：________					
合计					

三、综合评价

按项目要求，根据表1—7—3所列评价表对各组工作任务进行综合评价。

表1—7—3　　CA6140型车床电气线路安装、调试与检修综合评价表

评价项目	评价内容	评价标准	评价方式		
			自我评价	小组评价	教师评价
职业素养	安全意识、责任意识	A. 作风严谨，自觉遵章守纪，出色地完成工作任务 B. 能够遵守规章制度，较好地完成工作任务 C. 遵守规章制度，没完成工作任务；或完成工作任务，但忽视规章制度 D. 不遵守规章制度，没完成工作任务			
	学习态度主动性	A. 积极参与教学活动，全勤 B. 缺勤为总学时的10% C. 缺勤为总学时的20% D. 缺勤为总学时的30%			
	团队合作意识	A. 与同学协作融洽，团队合作意识强 B. 能与同学沟通，协同工作能力较强 C. 能与同学沟通，协同工作能力一般 D. 与同学沟通困难，协同工作能力较差			
专业能力	学习情景一	A. 按时、完整地完成工作页，问题回答正确 B. 按时、完整地完成工作页，问题回答基本正确 C. 未能按时完成工作页，或内容遗漏、错误较多 D. 未完成工作页			
	学习情景二	A. 学习情景评价成绩为90~100分 B. 学习情景评价成绩为75~89分 C. 学习情景评价成绩为60~74分 D. 学习情景评价成绩为0~59分			

续表

<table>
<tr><th rowspan="2">评价项目</th><th rowspan="2">评价内容</th><th rowspan="2">评价标准</th><th colspan="3">评价方式</th></tr>
<tr><th>自我评价</th><th>小组评价</th><th>教师评价</th></tr>
<tr><td rowspan="4">专业能力</td><td>学习情景三</td><td>A. 学习情景评价成绩为 90 ~ 100 分
B. 学习情景评价成绩为 75 ~ 89 分
C. 学习情景评价成绩为 60 ~ 74 分
D. 学习情景评价成绩为 0 ~ 59 分</td><td></td><td></td><td></td></tr>
<tr><td>学习情景四</td><td>A. 学习情景评价成绩为 90 ~ 100 分
B. 学习情景评价成绩为 75 ~ 89 分
C. 学习情景评价成绩为 60 ~ 74 分
D. 学习情景评价成绩为 0 ~ 59 分</td><td></td><td></td><td></td></tr>
<tr><td>学习情景五</td><td>A. 学习情景评价成绩为 90 ~ 100 分
B. 学习情景评价成绩为 75 ~ 89 分
C. 学习情景评价成绩为 60 ~ 74 分
D. 学习情景评价成绩为 0 ~ 59 分</td><td></td><td></td><td></td></tr>
<tr><td>学习情景六</td><td>A. 学习情景评价成绩为 90 ~ 100 分
B. 学习情景评价成绩为 75 ~ 89 分
C. 学习情景评价成绩为 60 ~ 74 分
D. 学习情景评价成绩为 0 ~ 59 分</td><td></td><td></td><td></td></tr>
<tr><td colspan="2">创新能力</td><td>学习过程中提出具有创新性、可行性的建议</td><td colspan="3">加分奖励：</td></tr>
<tr><td colspan="2">班级</td><td></td><td>学号</td><td colspan="2"></td></tr>
<tr><td colspan="2">姓名</td><td></td><td>综合评价等级</td><td colspan="2"></td></tr>
<tr><td colspan="2">指导教师</td><td></td><td>日期</td><td colspan="2"></td></tr>
</table>

学习项目二　X62W 型万能铣床电气系统检修

实训目标

1. 能通过阅读实训情景，明确实训任务要求。
2. 了解 X62W 型万能铣床的基本结构和主要运行形式。
3. 熟悉 X62W 型万能铣床电气控制线路的构成及工作原理。
4. 掌握 X62W 型万能铣床电气系统检修方法。

实训学时

15 课时

实训流程

学习情景一　实训任务

学习情景二　设备认知

学习情景三　识读 X62W 型万能铣床线路图

学习情景四　X62W 型万能铣床电气系统故障检修

学习情景五　计划与实施

学习情景六　学习过程评价

学习情景一　实 训 任 务

情景导入

融入行动导向的职业教育理念，通过情景化的教学设计，使学生掌握 X62W 型万能铣床的检修方法，学习职业活动中所需的基本知识、专业技能，培养职业素养及综合分析问题、解决问题的能力。

一、实训情景

某电气有限责任公司接到一个订单，某机床厂 X62W 型万能铣床电气系统发生故障，影响生产的正常进行，要求公司在 3 个工作日内完成系统维修，恢复生产。

公司技术员小马接到任务后，到现场勘查，与客户进行沟通，并做出初步方案且征得客户同意。小马和相关技术人员制订了详细的工作计划，然后到现场维修系统，最终使铣床恢复生产，并配合公司负责人完成项目验收工作。X62W 型万能铣床如图 2—1—1 所示。

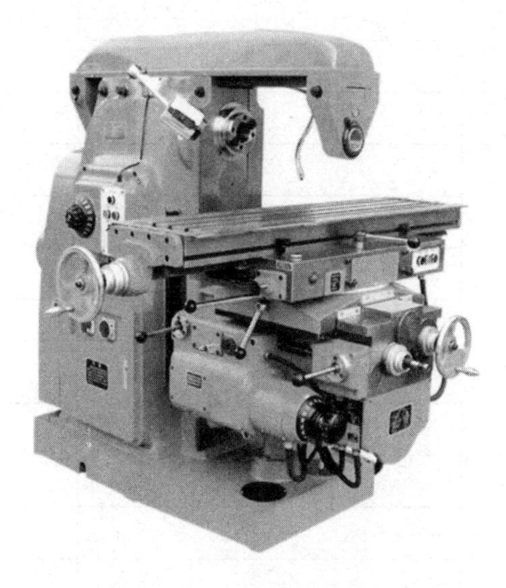

图 2—1—1　X62W 型万能铣床

二、实训任务单

明确实训任务的工作内容、时间要求及验收标准，并根据实际情况完成表2—1—1。

表2—1—1 ________________________________项目联系单

<table>
<tr><td colspan="3">项目名称</td><td colspan="4">X62W型万能铣床电气系统检修</td><td>工时</td><td colspan="2"></td></tr>
<tr><td colspan="3">实训地点</td><td colspan="4"></td><td>联系人</td><td colspan="2"></td></tr>
<tr><td colspan="3">安装人员</td><td colspan="4"></td><td>承接时间</td><td colspan="2">年　月　日</td></tr>
<tr><td>实训
目标</td><td>能力
目标</td><td colspan="4">（1）能够正确、合理使用电工工具和电工仪表
（2）正确识读机床控制系统线路图
（3）能够正确检测线路，准确判断故障并排除</td><td>知识
目标</td><td colspan="3">（1）了解X62W型万能铣床的运动形式和控制要求
（2）能够独立分析X62W型万能铣床电气系统故障并进行排除</td></tr>
<tr><td rowspan="20">工具
器材
准备</td><td colspan="3">仪器设备</td><td>数量</td><td colspan="4">主要工具</td><td>数量</td></tr>
<tr><td colspan="3"></td><td></td><td colspan="4"></td><td></td></tr>
<tr><td colspan="3"></td><td></td><td colspan="4"></td><td></td></tr>
<tr><td colspan="3"></td><td></td><td colspan="4"></td><td></td></tr>
<tr><td colspan="3"></td><td></td><td colspan="4"></td><td></td></tr>
<tr><td colspan="3"></td><td></td><td colspan="4"></td><td></td></tr>
<tr><td colspan="3"></td><td></td><td colspan="4"></td><td></td></tr>
<tr><td colspan="3"></td><td></td><td colspan="4"></td><td></td></tr>
<tr><td colspan="3"></td><td></td><td colspan="4"></td><td></td></tr>
<tr><td colspan="3"></td><td></td><td colspan="4"></td><td></td></tr>
<tr><td colspan="3"></td><td></td><td colspan="4"></td><td></td></tr>
<tr><td colspan="3"></td><td></td><td colspan="4"></td><td></td></tr>
<tr><td colspan="3"></td><td></td><td colspan="4"></td><td></td></tr>
<tr><td colspan="3"></td><td></td><td colspan="4"></td><td></td></tr>
<tr><td colspan="3"></td><td></td><td colspan="4"></td><td></td></tr>
<tr><td colspan="3"></td><td></td><td colspan="4"></td><td></td></tr>
<tr><td colspan="3"></td><td></td><td colspan="4"></td><td></td></tr>
<tr><td colspan="3"></td><td></td><td colspan="4"></td><td></td></tr>
<tr><td colspan="3"></td><td></td><td colspan="4"></td><td></td></tr>
<tr><td colspan="3"></td><td></td><td colspan="4"></td><td></td></tr>
</table>

续表

工具器材准备	仪器设备	数量	主要工具	数量
引导资料				

任务计划			
任务实施时间节点	情景实施步骤	计划时间	过程评估与分析

问题讨论	

教师评定	教师建议	成绩
		通过 □
		暂缓通过 □

学习情景二　设备认知

情景导入

教师引领学生观看铣床结构及加工的相关视频，并组织学生实地考察，了解X62W型万能铣床的结构、运动形式及加工过程，熟悉各电动机及电气控制箱中控制电器的位置，使学生在进行工作任务前对X62W型万能铣床有一个感性认识，激发学生的学习兴趣。

一、X62W型万能铣床的结构

X62W型万能铣床主要由床身、主轴、刀杆、横梁、工作台、回转盘、横溜板和升降台等几部分组成，查阅相关资料，结合实物观察，认识X62W型万能铣床的结构，将图2—2—1补充完整。

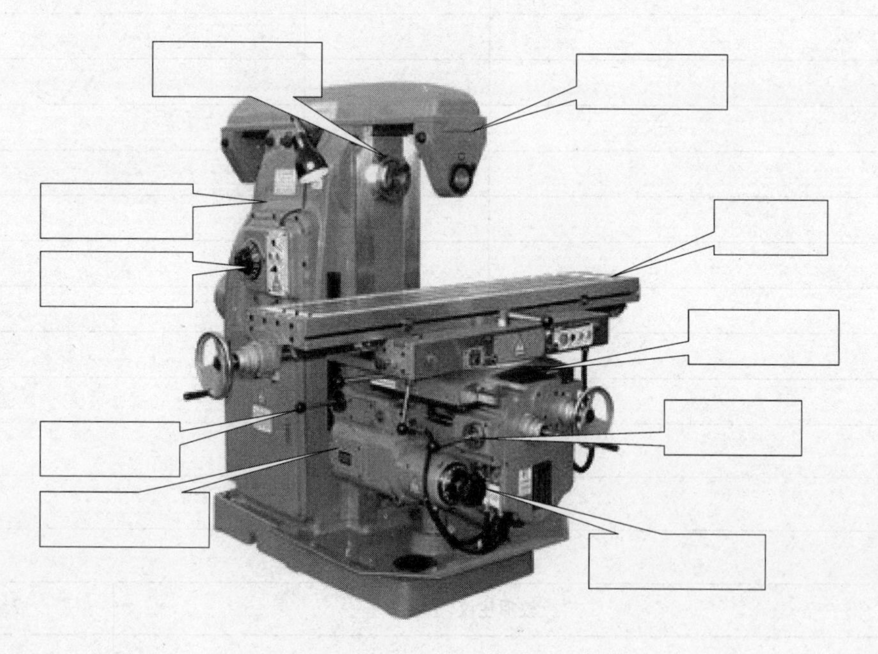

图2—2—1　X62W型万能铣床实物图

二、X62W型万能铣床的运动形式

X62W型万能铣床的主要运动形式及其控制要求见表2—2—1。

表 2—2—1　　X62W 型万能铣床的主要运动形式及其控制要求

序号	运动种类	运动形式	控制要求
1	主运动	铣削加工有顺铣和逆铣两种加工形式	（1）主轴电动机能正转和反转。考虑到多数情况下一批或者多批工件只有一个方向铣削，在加工过程中不需要变换主轴的旋转方向，选用组合开关控制电动机的正转和反转 （2）铣削过程中需要主轴调速，通过改变主轴箱的齿轮传动比来实现，主轴电动机不需要调速
2	进给运动	工作台前后、左右、上下六个方向的运行及回转盘的旋转运动	（1）根据运动形式，进给电动机需正转和反转运行 （2）加装圆形工作台，圆形工作台的回转由进给电动机经传动机构驱动 （3）为保证机床和刀具的安全，在铣削加工时，任何时刻都只能有一个方向的进给运动，因此采用机械操作手柄和行程开关实现六个方向的联锁控制 （4）为了防止刀具和机床的损坏，要求只有主轴旋转后才允许有进给运动；同时，为了减小工件的表面粗糙度值，要求进给运动停止后主轴才能停止或者同时停止 （5）进给变速不需要电动机调速，采用机械方式实现
3	辅助运行	工作台快速运动及主轴进给的变速冲动	通过快速移动电磁离合器的吸合，改变机械传动链的传动比实现

学习情景三　识读 X62W 型万能铣床线路图

情景导入

教师集中讲解电路图的组成及各部分功能，引导学生自主查阅资料，分析电路的具体工作原理。

一、电路分析

X62W 型万能铣床线路图如图 2—3—1 所示。

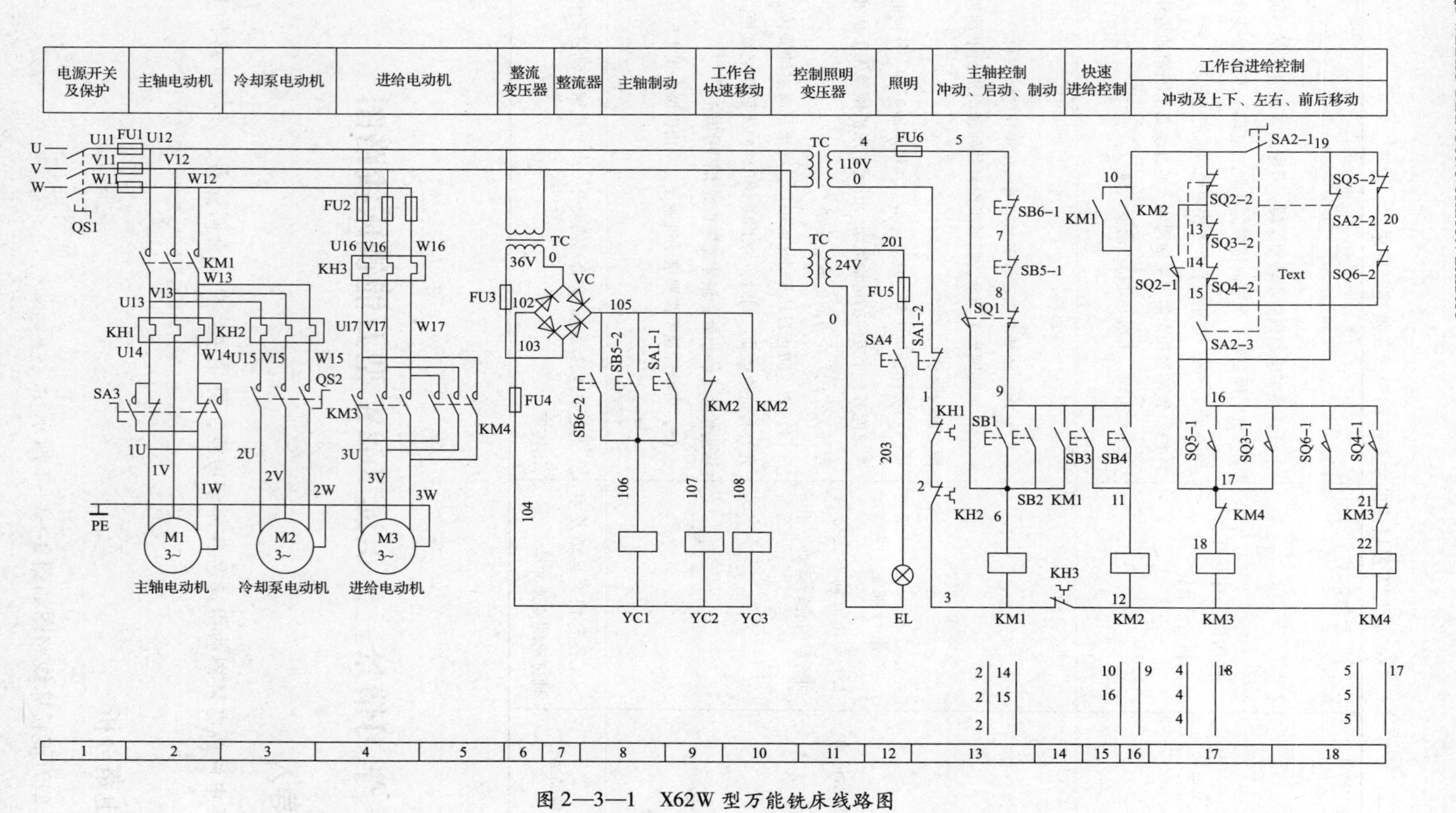

图 2—3—1　X62W 型万能铣床线路图

1. 主电路分析

完成表2—3—1，说明主电路中三台电动机的作用和其主要控制器件。

表2—3—1　X62W型万能铣床主电路

名称及代号	作用	控制器件	过载保护器件	短路保护器件
主轴电动机M1				
冷却泵电动机M2				
进给电动机M3				

2. 控制电路分析

控制变压器TC供给110 V控制电路电压和24 V照明电路电压。

（1）主轴电动机M1的控制见表2—3—2。

表2—3—2　主轴电动机M1的控制

控制要求	控制作用	控制过程
启动控制	启动主轴电动机M1	（1）主轴电动机M1采用两地控制方式，一组启动按钮SB1和停止按钮SB5安装在工作台上，另一组启动按钮SB3和停止按钮SB6安装在床身上 （2）选择好主轴的转速和转向，按下启动按钮SB1或者SB2，接触器KM1线圈得电吸合并自锁，M1启动运行，同时KM1的辅助常开触头（9—10线）闭合，为工作台进给电路提供电源
制动控制	停车时使主轴迅速停转	按下停止按钮SB5—2或者SB6—2，其常闭触头SB5—1或者SB6—1（13区）断开，接触器KM1线圈断电，KM1主触头断开，电动机M1惯性停止运行；常开触头SB5—2或者SB6—2（8区）闭合，电磁离合器YC1通电，M1制动停转
换刀控制	更换铣刀时将主轴制动，以便换刀	将转换开关SA1扳向换刀右侧位置，其常开触头SA1—1（8区）闭合，电磁离合器YC1得电后将主轴制动，同时常闭触头SA1—2（13区）断开，切断控制电路，铣床不能通电运行，确保安全
变速冲动控制	保证变速后齿轮能良好啮合	变速时，首先将变速手柄向下压并向外拉出，转动变速盘选定所需转速后，将手柄推回。此时冲动开关SQ1（13区）短时受压，主轴电动机M1点动，手柄推回原位后，SQ1复位，M1断电，变速冲动结束

（2）进给电动机M3的控制。铣床的工作台要求有前后、左右和上下六个方向的进给运动和快速移动，并且可在工作台上安装附件——圆形工作台，对圆弧或者凸轮进行铣削加工。这些运动都由进给电动机M3拖动。进给电动机的控制见表2—3—3。

表2—3—3　　进给电动机的控制

控制手柄	手柄位置	行程开关动作	接触器动作	电动机M3转向	传动链搭合丝杠	工作台运动方向
左右进给手柄	左	SQ5	KM3	正转	左右进给丝杠	向左
	中	—	—	停止	—	停止
	右	SQ6	KM4	反转	左右进给丝杠	向右
上下和前后进给手柄	上	SQ4	KM4	反转	上下进给丝杠	向上
	下	SQ3	KM3	正转	上下进给丝杠	向下
	中	—	—	停止	—	停止
	前	SQ3	KM3	正转	前后进给丝杠	向前
	后	SQ4	KM4	反转	前后进给丝杠	向后

1）试分析左右进给和上下进给的联锁控制原理。

2）试分析进给变速的瞬时点动控制原理。

3）试分析工作台的快速移动控制原理。

4）试分析圆形工作台的控制原理。

（3）试分析冷却泵及照明电路的控制原理。

二、认知控制柜

如图 2—3—2 所示为控制装置柜门各器件实物图，试将其对应原理图的符号及作用填入表 2—3—4 中。

图 2—3—2 控制装置柜门各器件实物图

表 2—3—4 器件认知

器件名称	文字及图形符号	作用

学习情景四　X62W 型万能铣床电气系统故障检修

一、主轴、冷却泵电路运行过程及检修流程（见图 2—4—1）

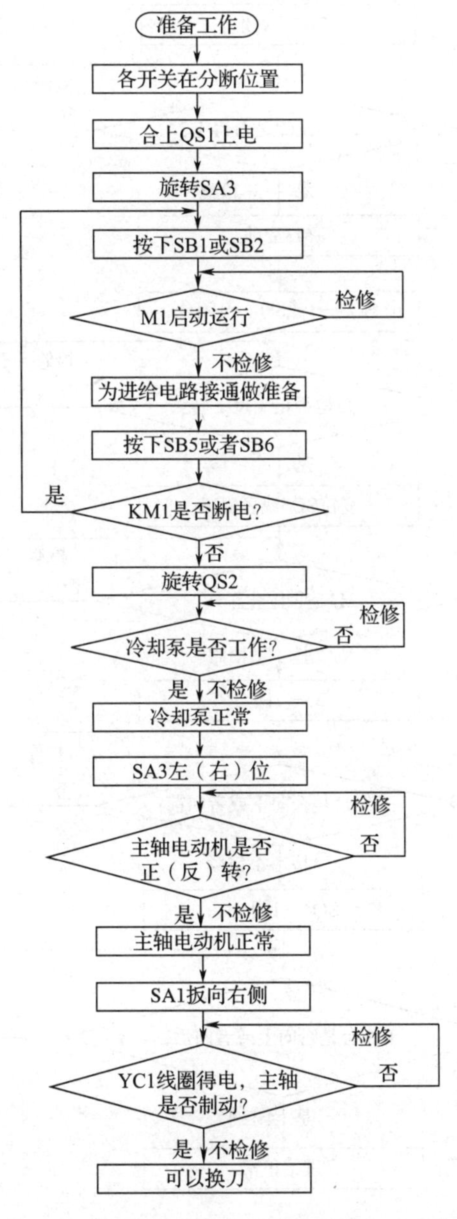

图 2—4—1　主轴、冷却泵电路运行过程及检修流程

二、进给电路运行过程及检修流程（见图2—4—2）

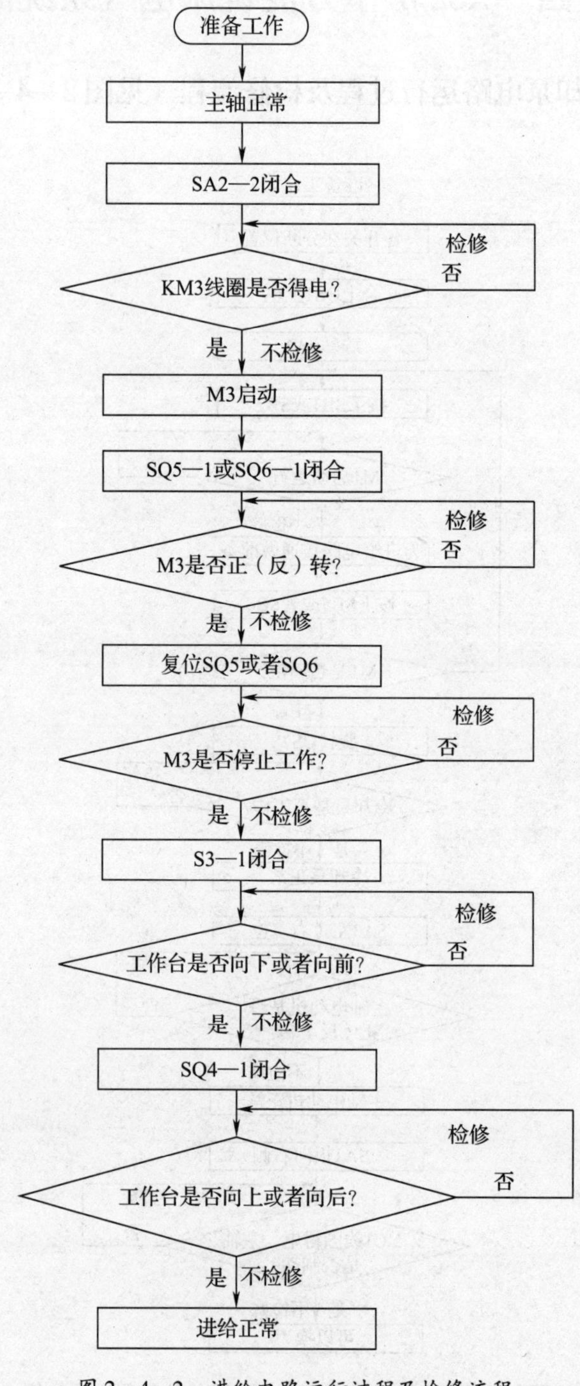

图2—4—2　进给电路运行过程及检修流程

学习情景五　计划与实施

一、制订施工计划

查阅相关资料，了解任务实施的基本步骤，结合实际情况，小组讨论并制订工作计划。

“X62W 型万能铣床电气系统检修” 工作计划

一、人员分工

1. 小组负责人：__________

2. 小组成员及分工

姓名	分工

二、材料清单

1. 元器件及材料清单

序号	名称	型号	数量

2. 工具清单

序号	名称	型号规格	数量

三、工序及工期安排

序号	工作内容	完成时间	备注

四、安全防护措施

二、现场施工

1．明确故障现象，分析可能的原因及可使用的检修方法，完成表 2—5—1。

表 2—5—1　　X62W 型万能铣床电气系统检修故障分析

故障现象	可能原因	检修方法
工作台各方向都不能进给	进给电动机不能启动	（1）检查圆形工作台控制开关 SA2 是否处于断开状态，依次检查 KM1 是否为吸合状态。如果 KM1 不能得电，则表明控制回路电源有故障，检查变压器 TC 是否正常 （2）TC 电压正常，KM1 吸合，主轴旋转后，观察其相关的接触器是否吸合，如果吸合，说明故障发生在主回路和进给电动机上，常见的故障有接触器主触头接触不良，主触头脱落，机械卡死，电动机接线脱落或者电动机绕组断路 （3）行程开关 SQ2、SQ3、SQ4、SQ5、SQ6 出现故障，触头不能闭合，都会导致工作台不能进给
工作台能左右进给，不能向前后、上下进给	（1）行程开关 SQ5 或者 SQ6 接触不良 （2）19—20 或者 15—20 线有断路	（1）使用万用表电阻挡测量 SQ5—2 或者 SQ6—2 的接触导通情况，查找故障位置 （2）测量 SQ5—2 或者 SQ6—2 接触导通情况时，应操作前后、上下进给手柄，使 SQ3—2 或者 SQ4—2 断开
工作台不能快速移动，主轴制动失灵		
变速时不能冲动控制		

2．故障检修

X62W 型万能铣床故障设置电路如图 2—5—1 所示，图中①～⑮为模拟实训装置故障设置点。开关模拟设置故障如图 2—5—2 所示。

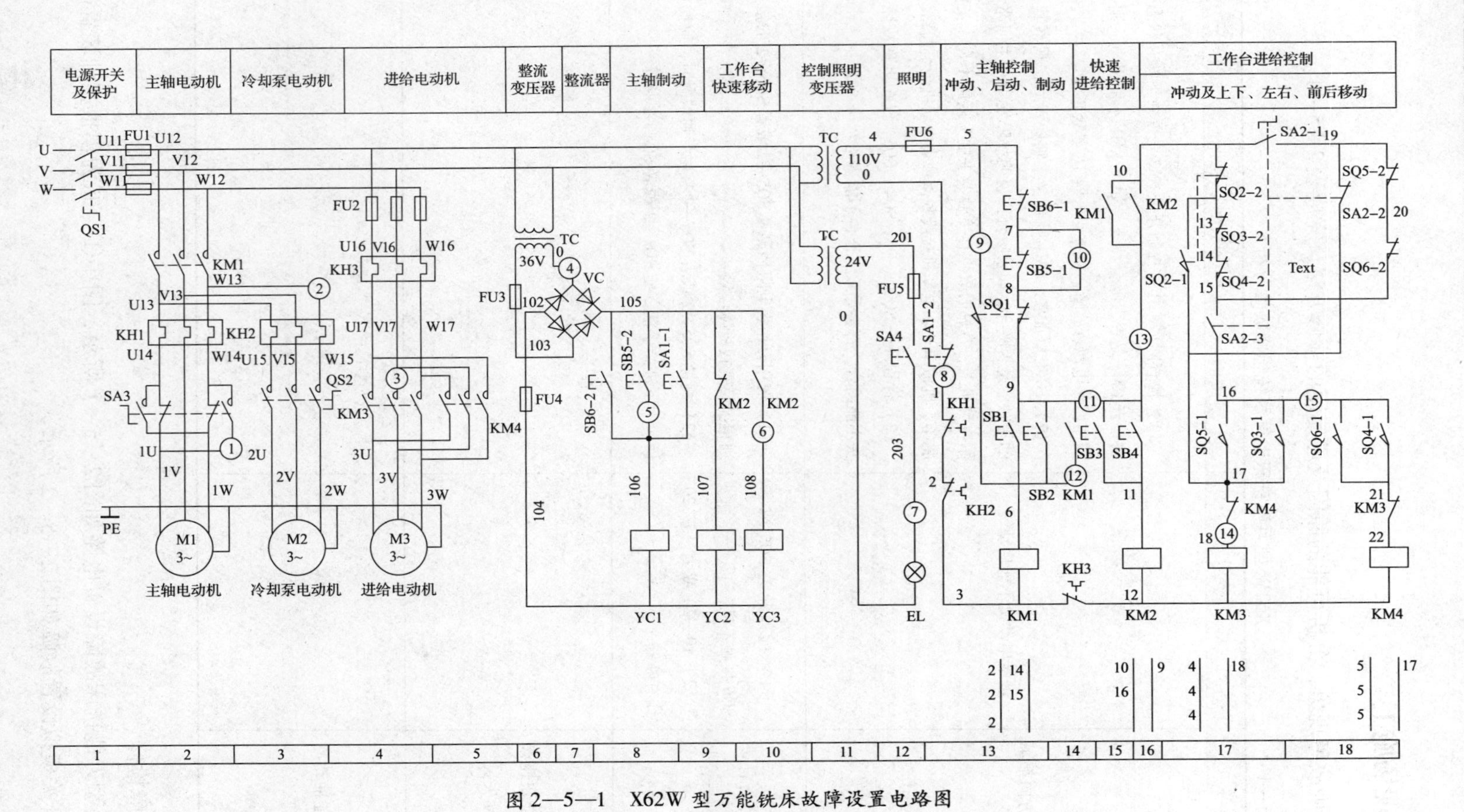

图 2—5—1 X62W 型万能铣床故障设置电路图

图 2—5—2　开关模拟设置故障

分析图 2—5—1 中设置的各点故障现象，以及此现象可能涉及的其他原因，完成表 2—5—2。

表 2—5—2　故障分析

故障点	故障现象	其他原因

3．检修后自检和互检

用万用表进行自检，记录自检的项目、过程、测试结果、所遇问题和处理方法。自检与互检无误后，清理现场。

（1）完成主电路线路检查，填写表2—5—3。

表2—5—3　　主电路线路检查记录

线号	节点	检查结果

（2）完成控制电路线路检查，填写表2—5—4。

表2—5—4　　控制电路线路检查记录

线号	节点	检查结果

续表

线号	节点	检查结果

（3）完成操作站线路检查，填写表2—5—5。

表2—5—5　操作站线路检查记录

线号	节点	检查结果

4．通电试车

断电检查无误后，经教师同意，通电试车，观察电动机的运行状态，测量相关技术参数，若存在故障，及时处理。电动机运行正常无误后，清理工作现场，交付验收人员检查。通电试车过程中，若出现异常现象应立即停车，按照前面任务中所学的方法和步骤进行检修。小组间相互交流，将各自遇到的故障现象、故障原因和检修思路记录在表2—5—6中。

表 2—5—6　　X62W 型万能铣床电气系统检修记录表

故障现象	故障原因	检修思路

5. 项目验收

(1) 在验收阶段，各小组安排代表交叉验收，填写表2—5—7，完成验收记录。

表2—5—7　　X62W型万能铣床电气系统检修验收记录表

验收记录问题	整改措施	完成时间	备注

（2）以小组为单位填写 X62W 型万能铣床电气系统检修任务验收报告（见表 2—5—8），并将学习情景一中的实训任务单填写完整。

表 2—5—8　　X62W 型万能铣床电气系统检修任务验收报告

工程项目名称				
建设单位		联系人		
地址		电话		
施工单位		联系人		
地址		电话		
项目负责人		施工周期		
工程概况				
现存问题		完成时间		
改进措施				
验收结果	主观评价	客观测试	施工质量	材料移交

学习情景六　学习过程评价

情景导入

教师集中讲解评价标准，小组进行任务评价。

一、工作计划评价

以小组为单位展示本组制订的工作计划，然后在教师点评的基础上对工作计划进行修改和完善，并根据表 2—6—1 所列评分标准进行评分。

表 2—6—1　　X62W 型万能铣床电气系统检修工作计划评价

评价内容	分值	评分		
		自我评价	小组评价	教师评价
计划制订是否有条理	10			
计划是否全面、完善	10			
人员分工是否合理	10			
任务要求是否明确	20			
工具清单是否正确、完整	20			

续表

评价内容	分值	评分		
		自我评价	小组评价	教师评价
材料清单是否正确、完整	20			
团队协作	10			
合计	100			

二、施工评价

以小组为单位展示本组施工成果，根据表2—6—2所列评分标准进行评分。

表2—6—2　　X62W型万能铣床电气系统检修施工评价

评价内容		分值	评分		
			自我评价	小组评价	教师评价
故障分析	故障分析思路清晰	20			
	准确标出最小故障范围				
故障排除	用正确的方法排除故障点	50			
	检修中不扩大故障范围或产生新的故障，一旦发生，能及时自行修复				
	工具、设备无损伤				
安全文明生产	遵守安全文明生产规程	30			
	施工完成后认真清理现场				
施工额定用时：________ 实际用时：________ 超时扣分：________					
合计					

三、综合评价

按项目要求，根据表2—6—3所列评价表对各组工作任务进行综合评价。

表 2—6—3　　　　X62W 型万能铣床电气系统检修综合评价表

评价项目	评价内容	评价标准	评价方式		
			自我评价	小组评价	教师评价
职业素养	安全意识、责任意识	A. 作风严谨，自觉遵章守纪，出色地完成工作任务 B. 能够遵守规章制度，较好地完成工作任务 C. 遵守规章制度，没完成工作任务；或完成工作任务，但忽视规章制度 D. 不遵守规章制度，没完成工作任务			
	学习态度主动性	A. 积极参与教学活动，全勤 B. 缺勤为总学时的 10% C. 缺勤为总学时的 20% D. 缺勤为总学时的 30%			
	团队合作意识	A. 与同学协作融洽，团队合作意识强 B. 能与同学沟通，协同工作能力较强 C. 能与同学沟通，协同工作能力一般 D. 与同学沟通困难，协同工作能力较差			
专业能力	学习情景一	A. 按时、完整地完成工作页，问题回答正确 B. 按时、完整地完成工作页，问题回答基本正确 C. 未能按时完成工作页，或内容遗漏、错误较多 D. 未完成工作页			
	学习情景二	A. 学习情景评价成绩为 90 ~ 100 分 B. 学习情景评价成绩为 75 ~ 89 分 C. 学习情景评价成绩为 60 ~ 74 分 D. 学习情景评价成绩为 0 ~ 59 分			
	学习情景三	A. 学习情景评价成绩为 90 ~ 100 分 B. 学习情景评价成绩为 75 ~ 89 分 C. 学习情景评价成绩为 60 ~ 74 分 D. 学习情景评价成绩为 0 ~ 59 分			
	学习情景四	A. 学习情景评价成绩为 90 ~ 100 分 B. 学习情景评价成绩为 75 ~ 89 分 C. 学习情景评价成绩为 60 ~ 74 分 D. 学习情景评价成绩为 0 ~ 59 分			

续表

<table>
<tr><th rowspan="2">评价项目</th><th rowspan="2">评价内容</th><th rowspan="2" colspan="2">评价标准</th><th colspan="3">评价方式</th></tr>
<tr><th>自我评价</th><th>小组评价</th><th>教师评价</th></tr>
<tr><td>专业能力</td><td>学习情景五</td><td colspan="2">A. 学习情景评价成绩为90～100分
B. 学习情景评价成绩为75～89分
C. 学习情景评价成绩为60～74分
D. 学习情景评价成绩为0～59分</td><td></td><td></td><td></td></tr>
<tr><td colspan="2">创新能力</td><td colspan="2">学习过程中提出具有创新性、可行性的建议</td><td colspan="3">加分奖励：</td></tr>
<tr><td colspan="2">班级</td><td></td><td>学号</td><td colspan="3"></td></tr>
<tr><td colspan="2">姓名</td><td></td><td>综合评价等级</td><td colspan="3"></td></tr>
<tr><td colspan="2">指导教师</td><td></td><td>日期</td><td colspan="3"></td></tr>
</table>

学习项目三　T68 型卧式镗床电气系统检修

实训目标

1. 能通过阅读实训情景，明确实训任务要求。
2. 熟悉 T68 型卧式镗床的运行原理。
3. 掌握 T68 型卧式镗床线路图识图方法。
4. 掌握 T68 型卧式镗床电气系统检修方法。

实训学时

15 课时

实训流程

学习情景一　实训任务

学习情景二　设备认知

学习情景三　识读 T68 型卧式镗床线路图

学习情景四　T68 型卧式镗床电气系统故障检修

学习情景五　计划与实施

学习情景六　学习过程评价

学习情景一　实 训 任 务

情景导入

融入行动导向的职业教育理念，通过情景化的教学设计，使学生掌握T68型卧式镗床的调试与检修方法，学习职业活动中所需的基本知识、专业技能，培养职业素养及综合分析问题、解决问题的能力。

一、实训情景

某电气有限责任公司接到一个订单，某机床厂的T68型卧式镗床电气控制线路发生故障，影响生产的正常进行，要求公司在3个工作日内完成系统维修，恢复生产。

公司小马接到任务后，到现场勘查，与客户进行沟通，并做出初步方案且征得客户同意。小马和相关技术人员制订了详细的工作计划，然后到现场维修系统，最终使镗床恢复生产，并配合公司负责人完成项目验收工作。T68型卧式镗床如图3—1—1所示。

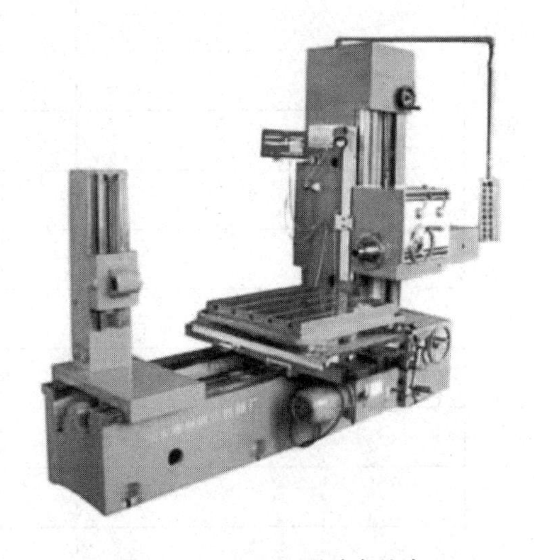

图3—1—1　T68型卧式镗床

二、实训任务单

根据实训情景，明确实训任务的工作内容、时间要求及验收标准，并根据实际情况完成表 3—1—1。

表 3—1—1 ________________项目联系单

<table>
<tr><td colspan="2">项目名称</td><td>T68 型卧式镗床电气系统检修</td><td>工时</td><td></td></tr>
<tr><td colspan="2">实训地点</td><td></td><td>联系人</td><td></td></tr>
<tr><td colspan="2">安装人员</td><td></td><td>承接时间</td><td>年　月　日</td></tr>
<tr><td>实训目标</td><td>能力目标</td><td>（1）能够正确、合理使用电工工具和电工仪表
（2）能够正确识读机床控制系统线路图
（3）能够正确检测线路，准确判断故障并排除</td><td>知识目标</td><td>（1）了解 T68 型卧式镗床的运动形式和控制要求
（2）能够独立分析 T68 型卧式镗床电气系统控制电路原理</td></tr>
<tr><td rowspan="17">工具器材准备</td><td>仪器设备</td><td>数量</td><td>主要工具</td><td>数量</td></tr>
<tr><td></td><td></td><td></td><td></td></tr>
<tr><td></td><td></td><td></td><td></td></tr>
<tr><td></td><td></td><td></td><td></td></tr>
<tr><td></td><td></td><td></td><td></td></tr>
<tr><td></td><td></td><td></td><td></td></tr>
<tr><td></td><td></td><td></td><td></td></tr>
<tr><td></td><td></td><td></td><td></td></tr>
<tr><td></td><td></td><td></td><td></td></tr>
<tr><td></td><td></td><td></td><td></td></tr>
<tr><td></td><td></td><td></td><td></td></tr>
<tr><td></td><td></td><td></td><td></td></tr>
<tr><td></td><td></td><td></td><td></td></tr>
<tr><td></td><td></td><td></td><td></td></tr>
<tr><td></td><td></td><td></td><td></td></tr>
<tr><td></td><td></td><td></td><td></td></tr>
<tr><td></td><td></td><td></td><td></td></tr>
</table>

续表

工具器材准备	仪器设备	数量	主要工具	数量
引导资料				
任务计划				
任务实施时间节点	情景实施步骤	计划时间	过程评估与分析	
问题讨论				
教师评定	教师建议			成绩
				通过 □
				暂缓通过 □

学习情景二　设 备 认 知

情景导入

教师引领学生观看T68型卧式镗床结构及加工过程的相关视频，并组织学生实地考察，了解T68型卧式镗床的结构、运动形式及加工过程，熟悉各电动机及电气控制箱中控制电器的位置，使学生在进行工作任务前对T68型卧式镗床有一个感性认识，激发学生的学习兴趣。

一、T68型卧式镗床结构

T68型卧式镗床可以用来加工各种复杂和大型工件，如箱体零件、机体等，是一种万能性的机床，除了镗孔外，还可以进行钻孔、扩孔、铰孔，车削内、外螺纹，用丝锥攻螺纹，车外圆柱面和端面，用端铣刀与圆柱铣刀铣削平面等多种工作。查阅相关资料，结合实物观察，写出图3—2—1所示T68型卧式镗床各部分的名称及作用。

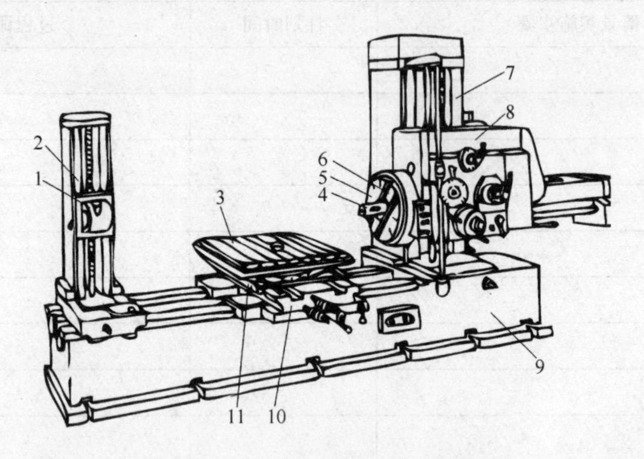

图3—2—1　T68型卧式镗床的结构

1—________________

2—________________

3—________________

4—________________

5—________________

6—________________

7—________________

8—____

9—____

10—_______________________________________

11—_______________________________________

二、在表 3—2—1 中写出 T68 型卧式镗床的主要运动形式及其控制要求

表 3—2—1　　　　T68 型卧式镗床的主要运动形式及其控制要求

序号	运动种类	运动形式	控制要求
1			
2			
3			

学习情景三　识读 T68 型卧式镗床线路图

情景导入

教师集中讲解机床线路图的组成及各部分功能，引导学生自主查阅资料，分析电路的具体工作原理。

一、主电路分析

T68 型卧式镗床电路原理图如图 3—3—1 所示。

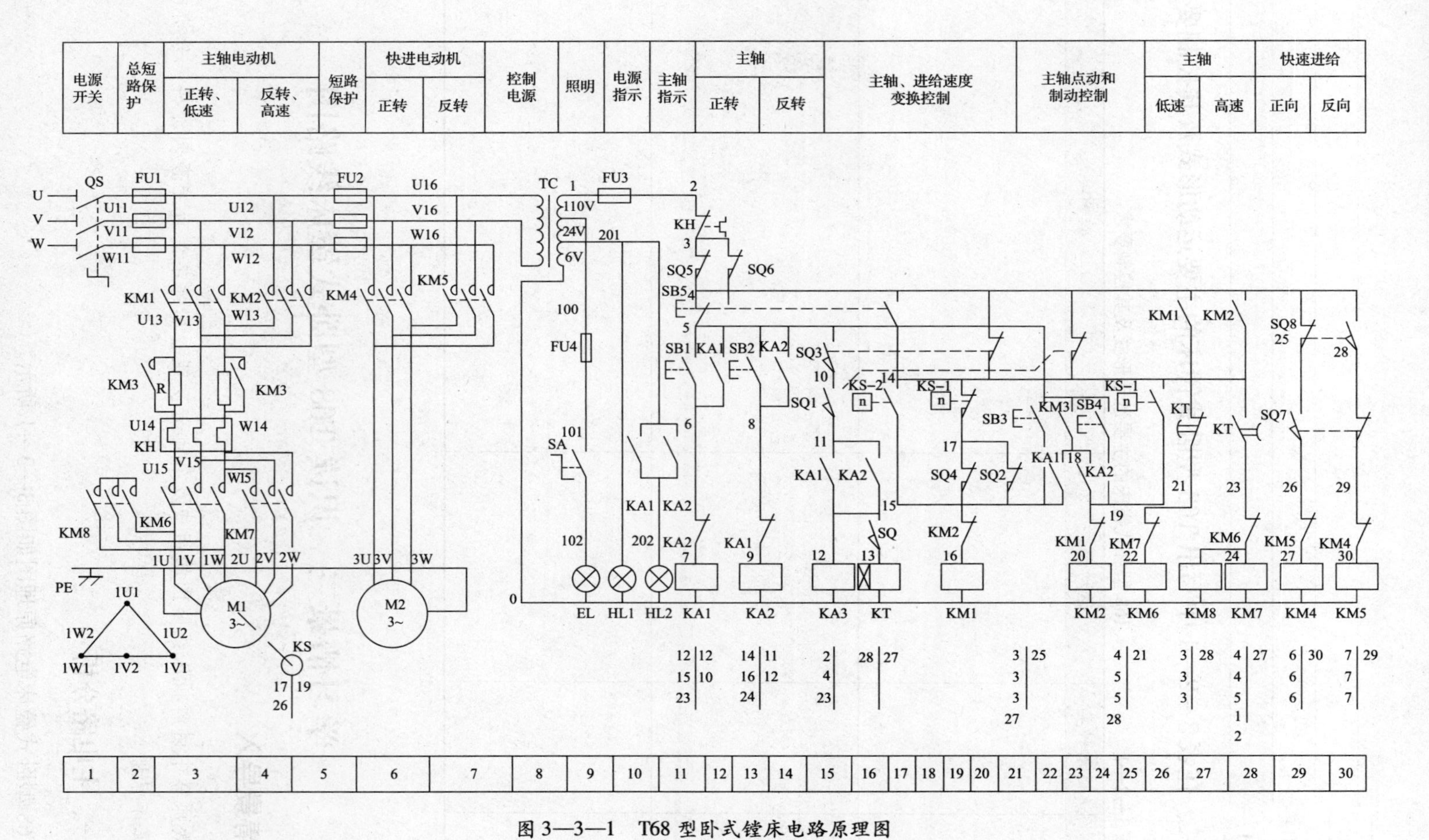

图 3—3—1　T68 型卧式镗床电路原理图

1．完成表3—3—1，说明主电路中包括的主要设备、控制器件及工作原理。

表3—3—1　主电路说明

名称及代号	作用	控制器件	过载保护器件	短路保护器件
主轴与进给电动机 M1				
快速移动电动机 M2				
照明电路				

2．完成表3—3—2，说明各器件的名称及作用。

表3—3—2　器件认知

符号	名称	作用
KM1		
KM2		
KM3		
KM4		

续表

符号	名称	作用
KM5		
KM6		
KM7		
KM8		
FU1		
FU2		
FU3		

续表

符号	名称	作用
FU4		
FU5		
M1		
M2		

二、控制电路分析

说明控制电路中主要包括的设备、控制器件及工作原理。

1．完成表3—3—3，说明主轴电动机、快速移动电动机的控制原理。

表3—3—3　　主轴电动机、快速移动电动机控制原理

控制要求	控制作用	控制过程
主轴电动机的正向低速启动控制		
主轴电动机的反向低速启动控制		
主轴电动机的正、反向高速启动控制		

续表

控制要求	控制作用	控制过程
主轴电动机的停车与制动控制		
主轴电动机正、反转点动控制		
主运动与进给运动变速控制		
主轴箱、工作台快速移动控制		

2. 说明电路的联锁与保护环节。

学习情景四　T68 型卧式镗床电气系统故障检修

一、主轴电动机检修流程（见图 3—4—1）

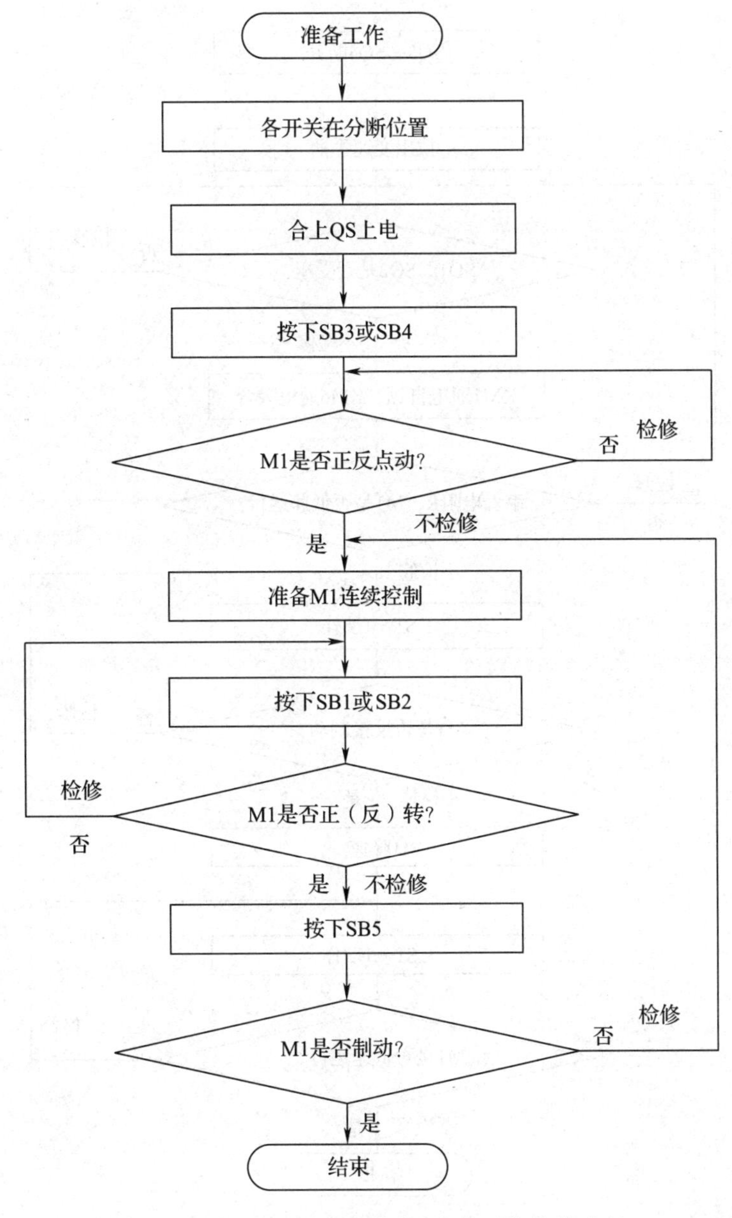

图 3—4—1　T68 型卧式镗床主轴电动机检修流程

二、主轴变速控制检修流程（见图3—4—2）

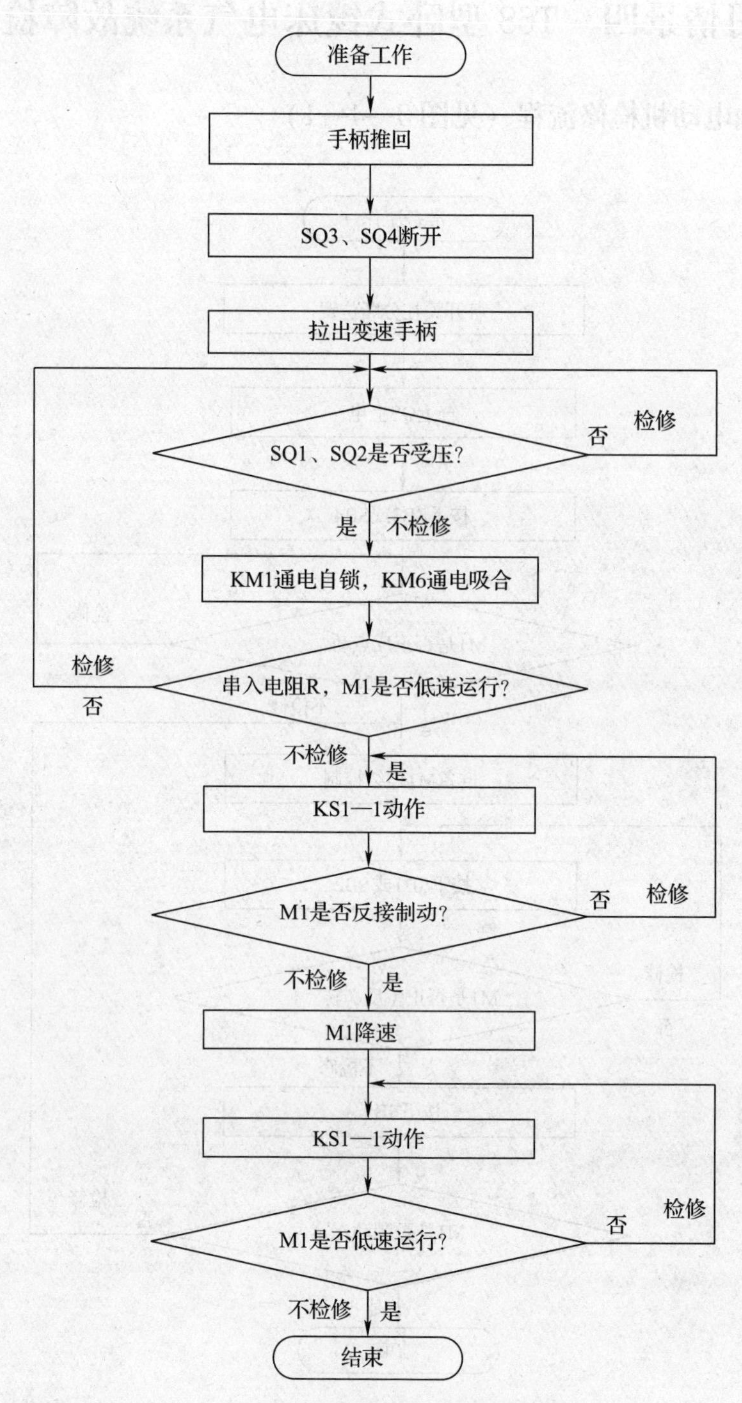

图3—4—2　主轴变速控制检修流程

学习情景五　计划与实施

一、制订施工计划

查阅相关资料，了解任务实施的基本步骤，结合实际情况，小组讨论并制订工作计划。

“T68 型卧式镗床电气系统检修”工作计划

一、人员分工

1. 小组负责人：__________

2. 小组成员及分工

姓名	分工

二、材料清单

1. 元器件及材料清单

序号	名称	型号	数量

2．工具清单

序号	名称	型号规格	数量

三、工序及工期安排

序号	工作内容	完成时间	备注

四、安全防护措施

二、现场施工

1．调查故障及勘查施工现场

（1）询问机床操作人员哪些运动部件工作不正常，观看机床操作过程，记录 T68 型卧式镗床上运动部件所呈现的外部故障现象。

（2）除记录现象外，还需要进行哪些初步检查？

2．故障检修

如图 3—5—1 所示为 T68 型卧式镗床模拟故障检修实训装置电路图，试分析各故障设置点①～⑮的故障现象，在表 3—5—1 中说明各故障现象可能涉及的其他原因。

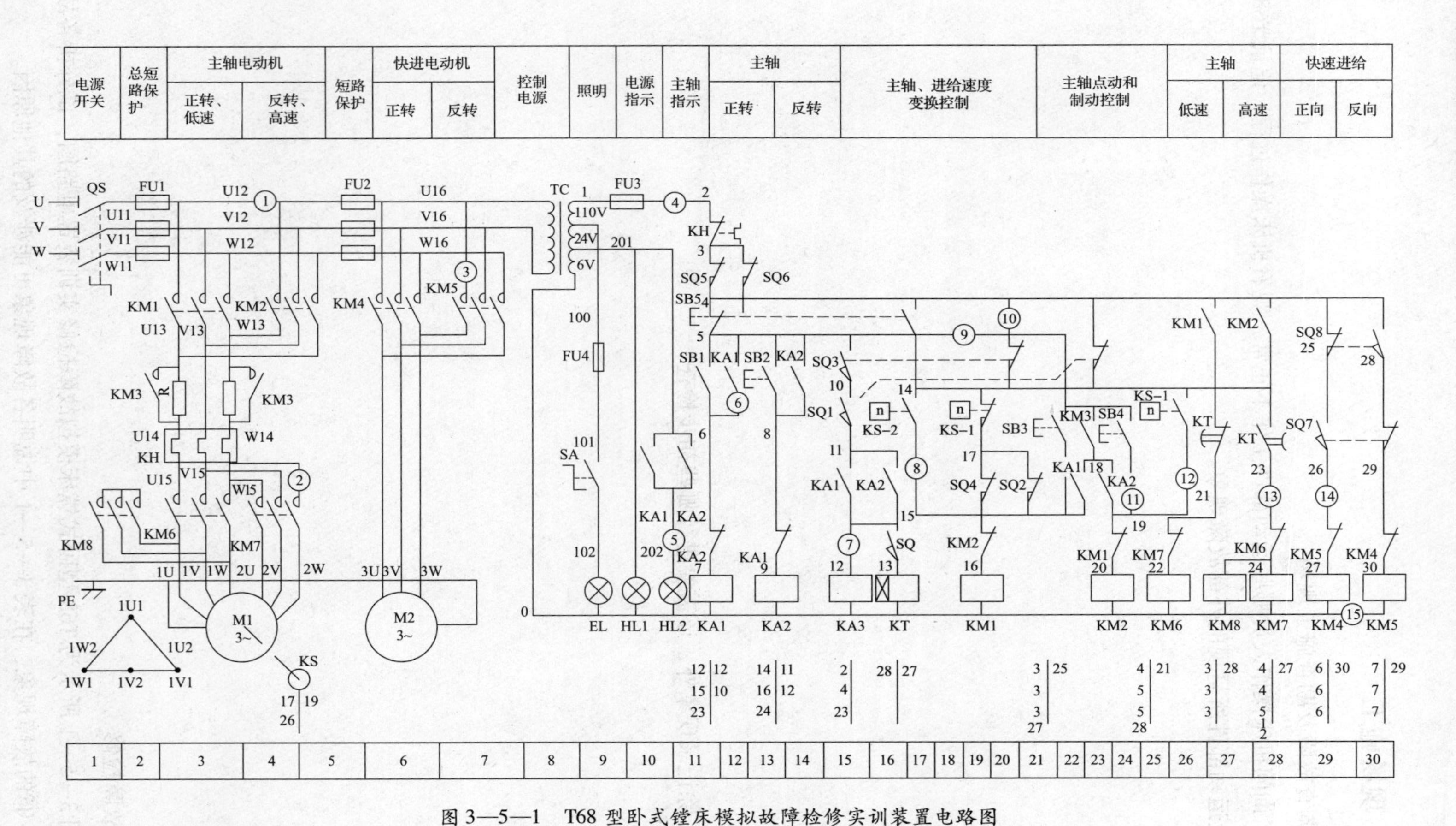

图 3—5—1　T68 型卧式镗床模拟故障检修实训装置电路图

表 3—5—1　　T68 型卧式镗床电气系统故障分析

故障点	故障现象	其他原因

3. 查阅相关资料，依据故障现象描述或现场观察，组织语言自行填写表 3—5—2 所列的设备维修任务单。

表 3—5—2　　　　　　　　　　　　设备维修任务单

No：　　　　　　　　　　　　　　　　　　　　编号：

<table>
<tr><td colspan="8">用户资料栏</td></tr>
<tr><td>用户单位</td><td colspan="4">工厂加工车间</td><td colspan="2">联系人</td><td></td></tr>
<tr><td>购买日期</td><td colspan="4"></td><td colspan="2">联系电话</td><td></td></tr>
<tr><td>产品型号</td><td colspan="4"></td><td colspan="2">机身号</td><td></td></tr>
<tr><td>报修日期</td><td colspan="7"></td></tr>
<tr><td>故障现象</td><td colspan="7"></td></tr>
<tr><td>维修要求</td><td colspan="7"></td></tr>
<tr><td colspan="8">维修资料栏</td></tr>
<tr><td rowspan="8">维修内容</td><td colspan="2">维修现象</td><td colspan="5"></td></tr>
<tr><td colspan="2">维修情况</td><td colspan="5"></td></tr>
<tr><td>元器件更换情况</td><td>元器件编码</td><td>元器件名称</td><td>单位</td><td>数量</td><td>金额</td><td>备注</td></tr>
<tr><td></td><td></td><td></td><td></td><td></td><td></td><td></td></tr>
<tr><td></td><td></td><td></td><td></td><td></td><td></td><td></td></tr>
<tr><td></td><td></td><td></td><td></td><td></td><td></td><td></td></tr>
<tr><td></td><td></td><td></td><td></td><td></td><td></td><td></td></tr>
<tr><td>维修结果</td><td colspan="6"></td></tr>
<tr><td colspan="2">执行部门</td><td colspan="6">维修员：　　　　　　　签收人：</td></tr>
</table>

4. 检修后自检和互检

用万用表进行自检，记录自检的项目、过程、测试结果、所遇问题和处理方法。自检与互检无误后，清理现场。

（1）完成主电路线路检查，填写表3—5—3。

表3—5—3　　主电路线路检查记录

线号	节点	检查结果

（2）完成控制电路线路检查，填写表3—5—4。

表3—5—4　　控制电路线路检查记录

线号	节点	检查结果

（3）完成操作站线路检查，填写表3—5—5。

表3—5—5　　操作站线路检查记录

线号	节点	检查结果

5. 通电试车

断电检查无误后，经教师同意，通电试车，观察电动机的运行状态，测量相关技术参数，若存在故障，及时处理。电动机运行正常无误后，清理工作现场，交付验收人员检查。通电试车过程中，若出现异常现象应立即停车，按照前面任务中所学的方法和步骤进行检修。小组间相互交流，将各自遇到的故障现象、故障原因和检修思路记录在表 3—5—6 中。

表 3—5—6　　T68 型卧式镗床电气系统检修记录表

故障现象	故障原因	检修思路

6．项目验收

（1）在验收阶段，各小组安排代表交叉验收，填写表3—5—7，完成验收记录。

表3—5—7　　T68型卧式镗床电气系统检修验收记录表

验收记录问题	整改措施	完成时间	备注

续表

验收记录问题	整改措施	完成时间	备注

（2）以小组为单位填写 T68 型卧式镗床电气系统检修任务验收报告（见表 3—5—8），并将学习情景一中的实训任务单填写完整。

表 3—5—8　　T68 型卧式镗床电气系统检修任务验收报告

工程项目名称				
建设单位			联系人	
地址			电话	
施工单位			联系人	
地址			电话	
项目负责人			施工周期	
工程概况				
现存问题			完成时间	
改进措施				
验收结果	主观评价	客观测试	施工质量	材料移交

学习情景六　学习过程评价

情景导入

教师集中讲解评价标准，小组进行任务评价。

一、工作计划评价

以小组为单位展示本组制订的工作计划，然后在教师点评的基础上对工作计划进行修改完善，并根据表3—6—1所列评分标准进行评分。

表3—6—1　　T68型卧式镗床电气系统检修工作计划评价表

评价内容	分值	评分		
		自我评价	小组评价	教师评价
计划制订是否有条理	10			
计划是否全面、完善	10			
人员分工是否合理	10			
任务要求是否明确	20			
工具清单是否正确、完整	20			
材料清单是否正确、完整	20			
团队协作	10			
合计	100			

二、施工评价

以小组为单位展示本组施工成果，根据表3—6—2所列评分标准进行评分。

表3—6—2　　T68型卧式镗床电气系统检修施工评价表

评价内容		分值	评分		
			自我评价	小组评价	教师评价
故障分析	故障分析思路清晰	20			
	准确标出最小故障范围				
故障排除	用正确的方法排除故障点	50			

续表

评价内容		分值	评分		
			自我评价	小组评价	教师评价
故障排除	检修中不扩大故障范围或产生新的故障，一旦发生，能及时自行修复	50			
	工具、设备无损伤				
安全文明生产	遵守安全文明生产规程	30			
	施工完成后认真清理现场				
施工额定用时：________ 实际用时：________ 超时扣分：________					
合计					

三、综合评价

按项目要求，根据表3—6—3所列评价表对各组工作任务进行综合评价。

表3—6—3　　T68型卧式镗床电气系统检修综合评价表

评价项目	评价内容	评价标准	评价方式		
			自我评价	小组评价	教师评价
职业素养	安全意识、责任意识	A. 作风严谨，自觉遵章守纪，出色地完成工作任务 B. 能够遵守规章制度，较好地完成工作任务 C. 遵守规章制度，没完成工作任务；或完成工作任务，但忽视规章制度 D. 不遵守规章制度，没完成工作任务			
	学习态度主动性	A. 积极参与教学活动，全勤 B. 缺勤为总学时的10% C. 缺勤为总学时的20% D. 缺勤为总学时的30%			

续表

评价项目	评价内容	评价标准	评价方式		
			自我评价	小组评价	教师评价
职业素养	团队合作意识	A. 与同学协作融洽，团队合作意识强 B. 能与同学沟通，协同工作能力较强 C. 能与同学沟通，协同工作能力一般 D. 与同学沟通困难，协同工作能力较差			
专业能力	学习情景一	A. 按时、完整地完成工作页，问题回答正确 B. 按时、完整地完成工作页，问题回答基本正确 C. 未能按时完成工作页，或内容遗漏、错误较多 D. 未完成工作页			
	学习情景二	A. 学习情景评价成绩为 90 ~ 100 分 B. 学习情景评价成绩为 75 ~ 89 分 C. 学习情景评价成绩为 60 ~ 74 分 D. 学习情景评价成绩为 0 ~ 59 分			
	学习情景三	A. 学习情景评价成绩为 90 ~ 100 分 B. 学习情景评价成绩为 75 ~ 89 分 C. 学习情景评价成绩为 60 ~ 74 分 D. 学习情景评价成绩为 0 ~ 59 分			
	学习情景四	A. 学习情景评价成绩为 90 ~ 100 分 B. 学习情景评价成绩为 75 ~ 89 分 C. 学习情景评价成绩为 60 ~ 74 分 D. 学习情景评价成绩为 0 ~ 59 分			
	学习情景五	A. 学习情景评价成绩为 90 ~ 100 分 B. 学习情景评价成绩为 75 ~ 89 分 C. 学习情景评价成绩为 60 ~ 74 分 D. 学习情景评价成绩为 0 ~ 59 分			
创新能力		学习过程中提出具有创新性、可行性的建议	加分奖励：		
班级			学号		
姓名			综合评价等级		
指导教师			日期		

实训模块二

电力电子装置组装、调试与检修

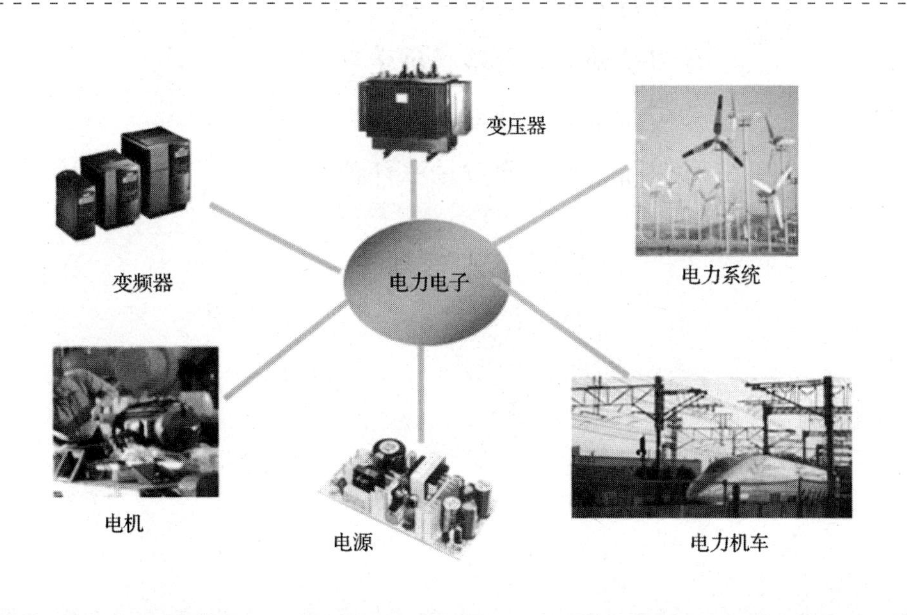

学习项目一　单相调光灯组装、调试与检修

实训目标

1. 能通过阅读实训情景，明确实训任务要求。

2. 能够调试及检修单结晶体管触发电路。

3. 能够利用电力电子平台完成单相调光灯电路的搭建。

4. 掌握利用万用表、示波器进行分立元件锯齿波触发电路调试和检修的方法。

实训学时

10 课时

实训流程

学习情景一　实训任务

学习情景二　电路模块学习

学习情景三　计划与实施

学习情景四　学习过程评价

学习情景一　实 训 任 务

情景导入

融入行动导向的职业教育理念，通过情景化的教学设计，根据现场提供的电力电子设备，学习各电路模块，完成实训任务单。学习职业活动中所需的基本知识、专业技能，培养职业素养及综合分析问题、解决问题的能力。

一、实训情景

某公司接到一项工作任务，有一批实习学生来进行电力电子技术技能实训，需要用实训平台安装一个调光灯电路并进行整机调试，要求在5个工作日内完成。

技术员小冯接到任务后，与指导教师现场勘查BT—2电力电子实训设备，结合安全操作规范，做出了初步培训方案，最后共同完成项目工作。电力电子实训设备如图1—1—1所示。

二、实训任务单

根据实训情景，明确实训任务的工作内容、时间要求及验收标准，并根据实际情况完成表1—1—1。

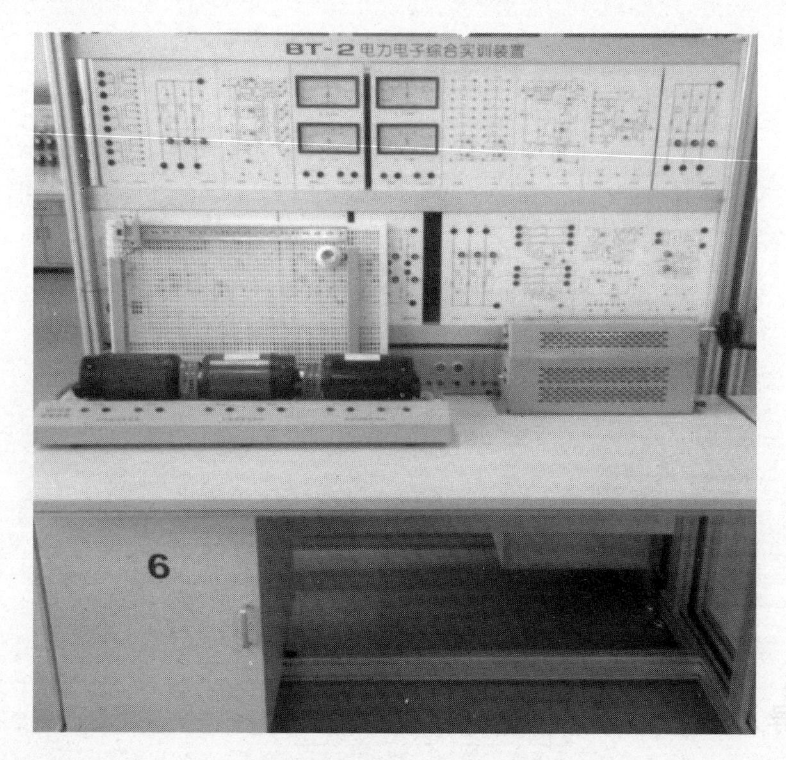

图 1—1—1　电力电子实训设备

表 1—1—1　　　　　　　　　　项目联系单

<table>
<tr><td colspan="2">项目名称</td><td colspan="3">单相调光灯组装、调试与检修</td><td>工时</td><td></td></tr>
<tr><td colspan="2">实训地点</td><td colspan="3"></td><td>联 系 人</td><td></td></tr>
<tr><td colspan="2">安装人员</td><td colspan="3"></td><td>承接时间</td><td>年　月　日</td></tr>
<tr><td>项目目标</td><td>能力目标</td><td colspan="2">(1) 单结晶体管触发电路的调试与检修
(2) 单相调光灯电路搭建与调试
(3) 职业素养与职业能力的培养</td><td>知识目标</td><td colspan="2">(1) 单结晶体管触发电路的工作原理
(2) 晶闸管主电路的设计原理
(3) 电路调试与检修方法</td></tr>
<tr><td rowspan="6">工具器材准备</td><td colspan="2">仪器设备</td><td>数量</td><td colspan="2">主要工具</td><td>数量</td></tr>
<tr><td colspan="2"></td><td></td><td colspan="2"></td><td></td></tr>
<tr><td colspan="2"></td><td></td><td colspan="2"></td><td></td></tr>
<tr><td colspan="2"></td><td></td><td colspan="2"></td><td></td></tr>
<tr><td colspan="2"></td><td></td><td colspan="2"></td><td></td></tr>
<tr><td colspan="2"></td><td></td><td colspan="2"></td><td></td></tr>
</table>

续表

	仪器设备	数量	主要工具	数量
工具器材准备				
引导资料				

续表

<table>
<tr><td colspan="4">任务计划</td></tr>
<tr><td rowspan="11">任务
实施
时间
节点</td><td>情景实施步骤</td><td>计划时间</td><td>过程评估与分析</td></tr>
<tr><td></td><td></td><td></td></tr>
<tr><td></td><td></td><td></td></tr>
<tr><td></td><td></td><td></td></tr>
<tr><td></td><td></td><td></td></tr>
<tr><td></td><td></td><td></td></tr>
<tr><td></td><td></td><td></td></tr>
<tr><td></td><td></td><td></td></tr>
<tr><td></td><td></td><td></td></tr>
<tr><td></td><td></td><td></td></tr>
<tr><td></td><td></td><td></td></tr>
<tr><td rowspan="3">问题
讨论</td><td colspan="3"></td></tr>
<tr><td colspan="3"></td></tr>
<tr><td colspan="3"></td></tr>
<tr><td rowspan="3">工厂
评定</td><td colspan="2">评定内容</td><td>验收结论</td></tr>
<tr><td colspan="2" rowspan="2"></td><td>通过 □</td></tr>
<tr><td>暂缓通过 □</td></tr>
</table>

学习情景二　电路模块学习

情景导入

教师通过 PPT 和实物讲述单结晶体管触发电路模块和晶闸管主电路模块，让学生根据实物绘制电路原理图，并查阅资料分析电路的工作原理。

一、单结晶体管触发电路认知学习

1. 如图 1—2—1 所示为单结晶体管电路模块实训板及各部分名称和作用，实训板电路原理图如图 1—2—2 所示。

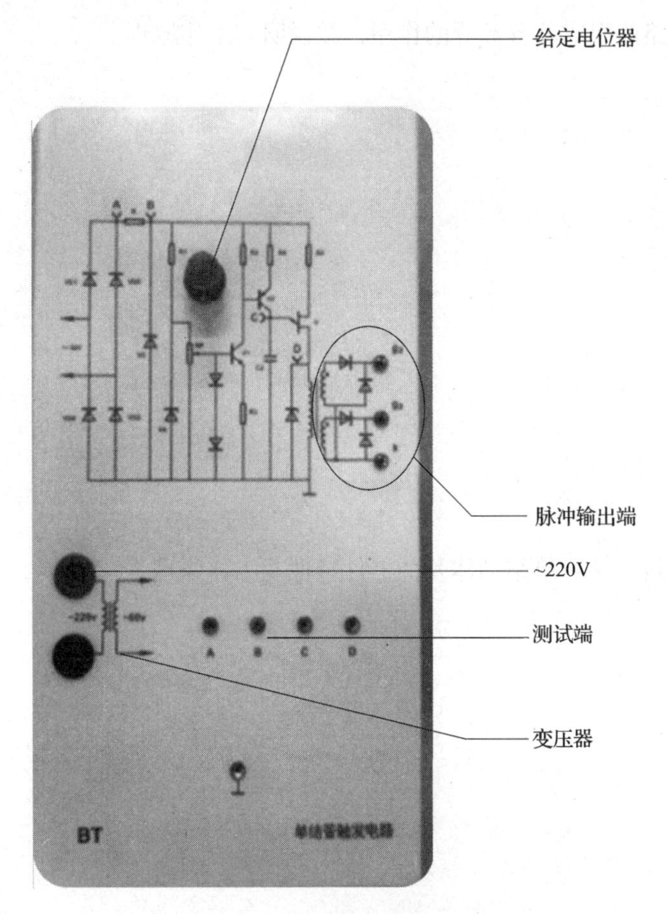

图 1—2—1　单结晶体管电路模块实训板

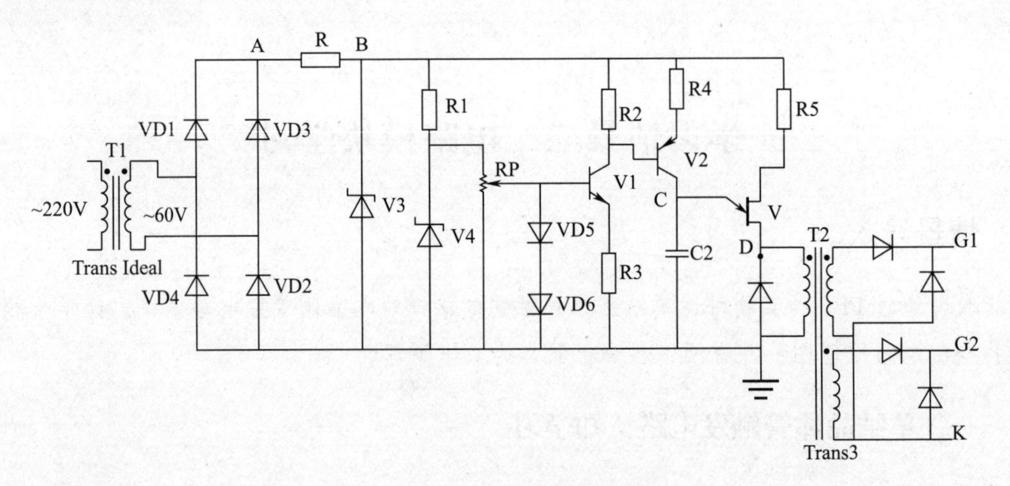

图 1—2—2　实训板电路原理图

2. 该电路中采用单结晶体管产生触发脉冲，所以又称单结晶体管触发电路。

（1）分析电路的组成及各部分的作用，并说明其工作原理。

（2）查阅资料，学习单结晶体管的器件特性及工作原理。

（3）分析并画出 A、B、C、D 点的波形。

二、晶闸管电路模块认知学习

如图 1—2—3 所示为晶闸管模块电路实训板，说明各部分器件的作用。

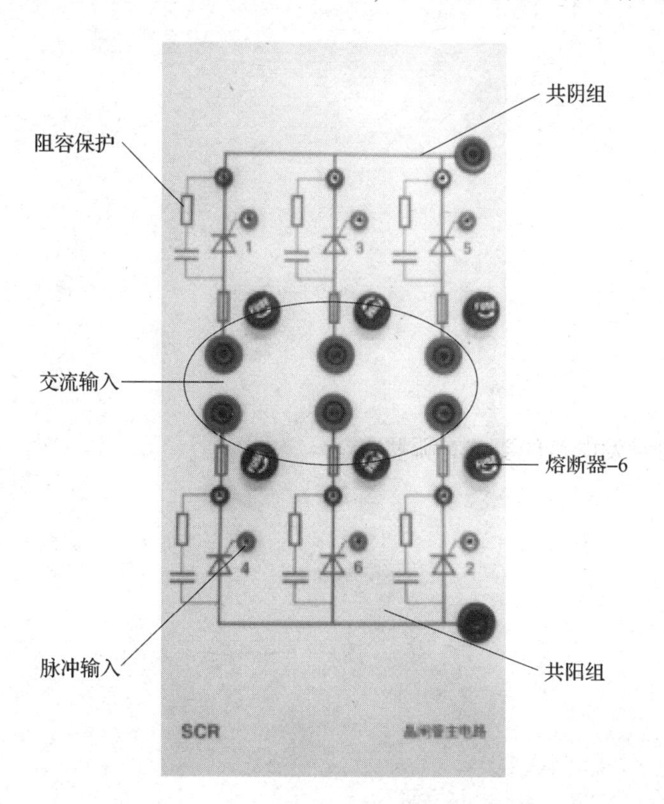

图 1—2—3　晶闸管模块电路实训板

1. 看图说明晶闸管主电路共阳组和共阴组的区别。

2. 检索资料，学习晶闸管相关知识，了解晶闸管的内部结构、工作原理及普通晶闸管的检测方法。

3. 晶闸管对触发电路的要求有哪些？

4. 设计晶闸管电路时一般要考虑哪些保护措施？

5. 阻容吸收电路由哪些元件组成？阻容吸收电路的作用是什么？

6. 如果晶闸管元件损坏，会对电路的工作过程造成怎样的影响？请分析以下两种情况并进行说明：

（1）晶闸管元件内部发生断路。

（2）晶闸管元件内部击穿短路。

三、单相调光灯电路原理

单相半控桥式整流电路原理图如图 1—2—4 所示。

1. 分析该电路的具体工作原理。

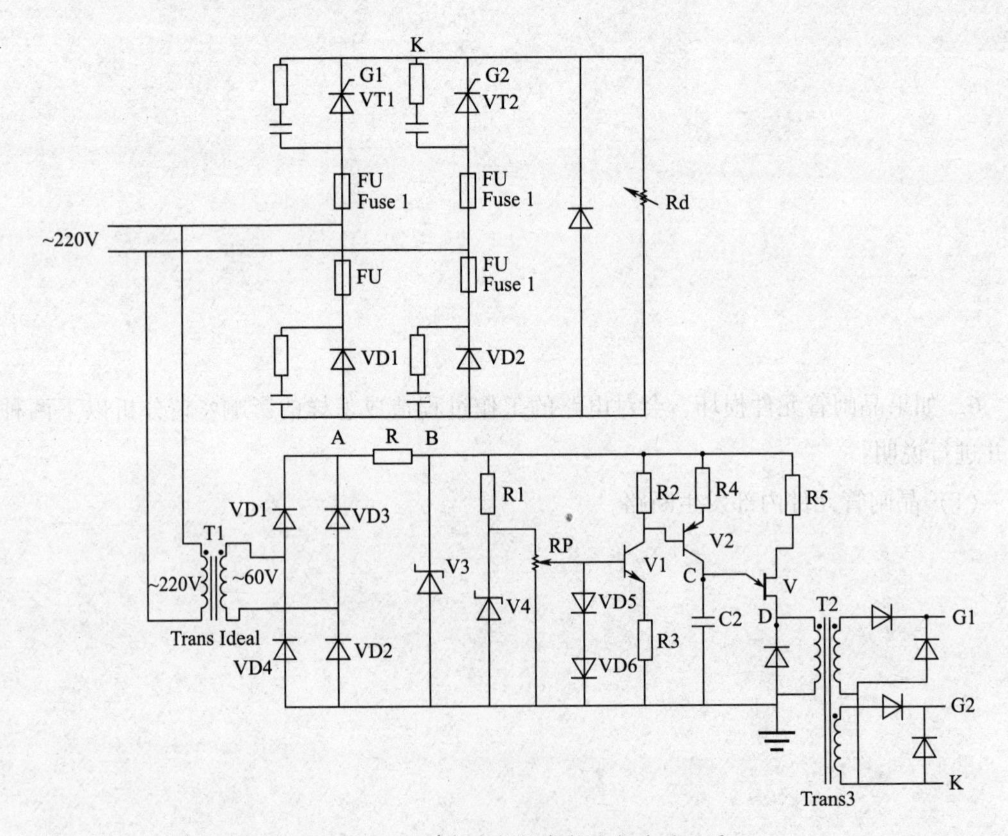

图 1—2—4　单相半控桥式整流电路原理图

2. 如果将电路原理图中 VT1、VT2 和 VD1、VD2 的位置互换，电路还能否正常工作？为什么？

3. 如果将电路原理图中 VT2 和 VD2 的位置互换，电路还能否正常工作？为什么？

学习情景三　计划与实施

一、制订施工计划

查阅相关资料，了解任务要求和所涉及的理论知识及专业技能，结合实际情况，小组讨论并制订工作计划。

“单相调光灯组装、调试与检修”工作计划

一、人员分工

1．小组负责人：____________

2．小组成员及分工

姓名	分工

二、材料清单

1．元器件清单

序号	名称	型号	数量

2. 工具清单

序号	名称	型号	数量

三、工序及工期安排

序号	工作内容	完成时间	备注

四、专业技术规范及安全防护措施

二、现场施工

1．系统搭建

根据如图 1—3—1 所示的单相调光灯电路系统接线图，搭接单相调光灯电路系统。

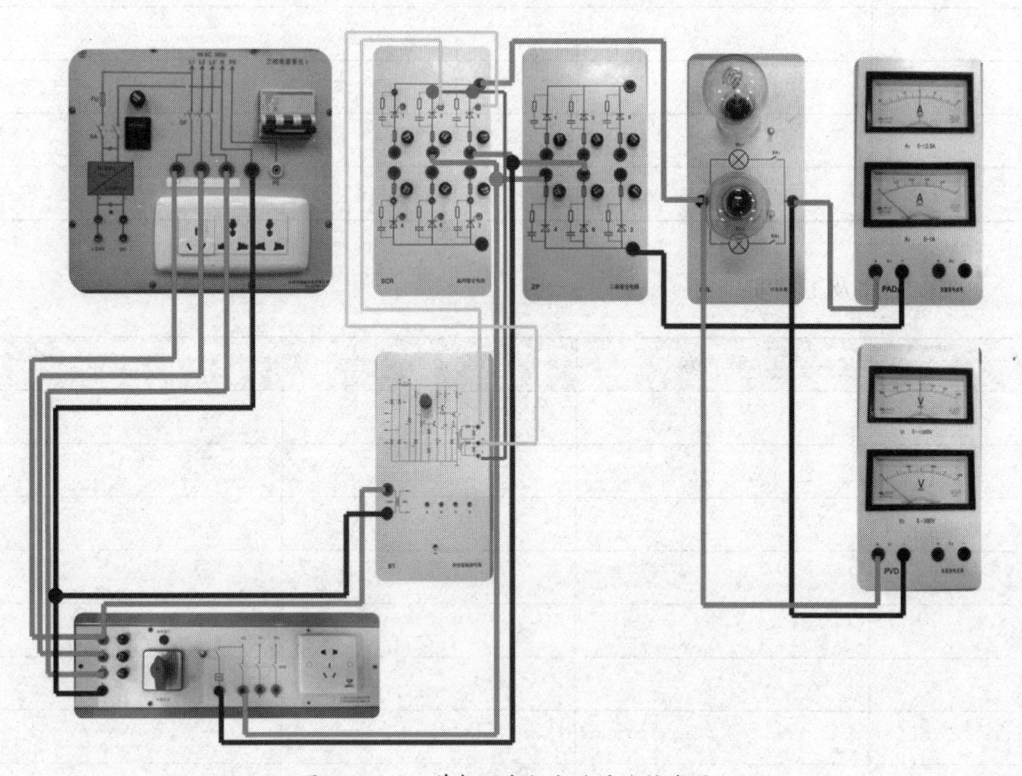

图 1—3—1　单相调光灯电路系统接线图

2．接线

完成安装任务，注意任务中单元模块电路的布局要求和接线工艺。在表 1—3—1 中记录安装过程中遇到的问题及解决方法。

表 1—3—1　　安装记录

所遇问题	解决方法

续表

所遇问题	解决方法

3. 接线后进行组内自检和互检

用万用表进行自检，记录自检的项目、过程、测试结果、所遇问题和处理方法。自检、互检无误后，做好记录并清理现场。

(1) 完成主电路线路检查，填写表1—3—2。

表1—3—2　　主电路线路检查

线号	节点	检查结果

续表

线号	节点	检查结果

（2）完成控制电路线路检查，填写表1—3—3。

表1—3—3　　控制电路线路检查

线号	节点	检查结果

续表

线号	节点	检查结果

4．通电测试

（1）在不启动主回路的情况下，只给触发电路通电，利用万用表和示波器检测并记录电路中的各测试点波形，查看是否正常，并与前面理论分析的波形进行比较，找出不同。

（2）利用双踪示波器同步观察正弦波及触发脉冲波形，测试电位器 RP1 能否控制脉冲移相。

（3）断开触发电路的电源，然后闭合主回路接触器，接通控制回路电源。调节 RP1，测量负载两端的电压波形，利用万用表测量该电压值并记录。

（4）利用示波器观察主电路中晶闸管、二极管的电压波形，并对照原理图进行分析。

（5）根据原理图，思考每个元器件的作用以及其损坏后对电路造成的影响。

（6）小组间相互交流，将各自遇到的故障现象、故障原因和检修思路进行归纳总结，完成表1—3—4。

表1—3—4　　故障归纳总结

故障现象	故障原因	检修思路

5. 项目验收

（1）在验收阶段，各小组安排代表交叉验收，在表1—3—5中填写验收记录。

表 1—3—5　　单相调光灯组装、调试与检修验收记录

组别	验收记录问题	测试及维修措施	完成时间	备注

（2）以小组为单位填写单相调光灯组装、调试与检修任务验收报告（见表1—3—6），并将学习活动一中的实训任务单填写完整。

表1—3—6　　单相调光灯组装、调试与检修任务验收报告

<table>
<tr><td>工程项目名称</td><td colspan="4"></td></tr>
<tr><td>建设单位</td><td colspan="2"></td><td>联系人</td><td></td></tr>
<tr><td>地址</td><td colspan="2"></td><td>电话</td><td></td></tr>
<tr><td>施工单位</td><td colspan="2"></td><td>联系人</td><td></td></tr>
<tr><td>地址</td><td colspan="2"></td><td>电话</td><td></td></tr>
<tr><td>项目负责人</td><td colspan="2"></td><td>施工周期</td><td></td></tr>
<tr><td>工程概况</td><td colspan="4"></td></tr>
<tr><td>现存问题</td><td colspan="2"></td><td>完成时间</td><td></td></tr>
<tr><td>改进措施</td><td colspan="4"></td></tr>
<tr><td>验收结果</td><td>主观评价</td><td>客观测试</td><td>施工质量</td><td>材料移交</td></tr>
<tr><td></td><td></td><td></td><td></td><td></td></tr>
</table>

学习情景四　学习过程评价

情景导入

教师集中讲解评价标准，小组进行实训任务评价。

一、工作计划评价

以小组为单位展示本组制订的工作计划，然后在教师点评的基础上对工作计划进行完善，并根据表1—4—1所列评分标准进行评分。

表1—4—1　　单相调光灯组装、调试与检修工作计划评价表

评价内容	分值	评分		
		自我评价	小组评价	教师评价
计划制订是否有条理	10			
计划是否全面、完善	10			
人员分工是否合理	10			

续表

评价内容	分值	评分		
		自我评价	小组评价	教师评价
任务要求是否明确	20			
工具清单是否正确、完整	20			
材料清单是否正确、完整	20			
团队协作	10			
合计	100			

二、施工评价

以小组为单位展示本组项目成果，根据表 1—4—2 所列评分标准进行评分。

表 1—4—2　　　　单相调光灯组装、调试与检修施工评价表

评价内容		分值	评分		
			自我评价	小组评价	教师评价
安装接线	布局规范性	20			
	接线工艺				
系统调试检修	调试方法	50			
	调试过程				
	故障检修				
安全文明生产	遵守安全文明生产规程	30			
	施工完成后认真清理现场				
施工额定用时：________ 实际用时：________ 超时扣分：________					
合计					

三、综合评价

按项目要求，根据表1—4—3所列评价标准对各组工作任务进行综合评价。

表1—4—3　　单相调光灯组装、调试与检修综合评价表

评价项目	评价内容	评价标准	评价方式		
			自我评价	小组评价	教师评价
职业素养	安全意识、责任意识	A. 作风严谨，自觉遵章守纪，出色地完成工作任务 B. 能够遵守规章制度，较好地完成工作任务 C. 遵守规章制度，没完成工作任务；或完成工作任务，但忽视规章制度 D. 不遵守规章制度，没完成工作任务			
	学习态度主动性	A. 积极参与教学活动，全勤 B. 缺勤为总学时的10% C. 缺勤为总学时的20% D. 缺勤为总学时的30%			
	团队合作意识	A. 与同学协作融洽，团队合作意识强 B. 能与同学沟通，协同工作能力较强 C. 能与同学沟通，协同工作能力一般 D. 与同学沟通困难，协同工作能力较差			
专业能力	学习情景一	A. 按时、完整地完成工作页，问题回答正确 B. 按时、完整地完成工作页，问题回答基本正确 C. 未能按时完成工作页，或内容遗漏、错误较多 D. 未完成工作页			
	学习情景二	A. 学习情景评价成绩为90~100分 B. 学习情景评价成绩为75~89分 C. 学习情景评价成绩为60~74分 D. 学习情景评价成绩为0~59分			

续表

<table>
<tr><th rowspan="2">评价项目</th><th rowspan="2">评价内容</th><th rowspan="2">评价标准</th><th colspan="3">评价方式</th></tr>
<tr><th>自我评价</th><th>小组评价</th><th>教师评价</th></tr>
<tr><td>专业能力</td><td>学习情景三</td><td>A. 学习情景评价成绩为 90 ~ 100 分
B. 学习情景评价成绩为 75 ~ 89 分
C. 学习情景评价成绩为 60 ~ 74 分
D. 学习情景评价成绩为 0 ~ 59 分</td><td></td><td></td><td></td></tr>
<tr><td colspan="2">创新能力</td><td>学习过程中提出具有创新性、可行性的建议</td><td colspan="3">加分奖励：</td></tr>
<tr><td colspan="2">班级</td><td>学号</td><td colspan="3"></td></tr>
<tr><td colspan="2">姓名</td><td>综合评价等级</td><td colspan="3"></td></tr>
<tr><td colspan="2">指导教师</td><td>日期</td><td colspan="3"></td></tr>
</table>

学习项目二　三相调压电源搭建、调试与检修

实训目标

1. 能通过阅读实训情景，明确及合理安排实训任务。
2. 能够调试和检修分立元件锯齿波同步触发电路。
3. 能够搭建各类三相可控整流电路主电路。
4. 掌握三相可控整流电路设计原则和工作特性。
5. 掌握三相调压电源调试与检修方法。
6. 施工后能按照管理规定清理施工现场。

实训学时

10 课时

实训流程

学习情景一　实训任务

学习情景二　电路模块学习

学习情景三　计划与实施

学习情景四　学习过程评价

学习情景一 实 训 任 务

情景导入

融入行动导向的职业教育理念，通过情景化的教学设计，根据现场提供的电力电子设备，学习电路模块，完成实训任务单。学习职业活动中所需的基本知识、专业技能，培养职业素养及综合分析问题、解决问题的能力。

一、实训情景

某公司接到一个工作任务，有一批实习学生来进行电力电子技术技能实训，需要用实训平台安装三相调压电源电路并进行整机调试，要求在5个工作日内完成。

技术员小冯接受任务后，与相关指导教师进行沟通，现场勘查实训设备，编写了安全操作规范，做出初步培训方案，最后共同完成项目工作。

二、实训任务单

根据实训情景，明确实训任务的工作内容、时间要求及验收标准，并根据实际情况完成表2—1—1。

表2—1—1 ______________________项目联系单

项目名称			工时	
实训地点			联系人	
安装人员			承接时间	年　月　日
项目目标	能力目标		知识目标	
工具器材准备	仪器设备	数量	主要工具	数量

续表

<table>
<tr><td rowspan="3">工具器材准备</td><td>仪器设备</td><td colspan="2">数量</td><td>主要工具</td><td>数量</td></tr>
<tr><td></td><td colspan="2"></td><td></td><td></td></tr>
<tr><td></td><td colspan="2"></td><td></td><td></td></tr>
<tr><td>引导资料</td><td colspan="5"></td></tr>
<tr><td colspan="6">任务计划</td></tr>
<tr><td rowspan="11">任务实施时间节点</td><td colspan="2">情景实施步骤</td><td>计划时间</td><td colspan="2">过程评估与分析</td></tr>
<tr><td colspan="2"></td><td></td><td colspan="2"></td></tr>
<tr><td colspan="2"></td><td></td><td colspan="2"></td></tr>
<tr><td colspan="2"></td><td></td><td colspan="2"></td></tr>
<tr><td colspan="2"></td><td></td><td colspan="2"></td></tr>
<tr><td colspan="2"></td><td></td><td colspan="2"></td></tr>
<tr><td colspan="2"></td><td></td><td colspan="2"></td></tr>
<tr><td colspan="2"></td><td></td><td colspan="2"></td></tr>
<tr><td colspan="2"></td><td></td><td colspan="2"></td></tr>
<tr><td colspan="2"></td><td></td><td colspan="2"></td></tr>
<tr><td colspan="2"></td><td></td><td colspan="2"></td></tr>
<tr><td rowspan="3">问题讨论</td><td colspan="5"></td></tr>
<tr><td colspan="5"></td></tr>
<tr><td colspan="5"></td></tr>
<tr><td rowspan="3">工厂评定</td><td colspan="4">评定内容</td><td>验收结论</td></tr>
<tr><td colspan="4" rowspan="2"></td><td>通过 □</td></tr>
<tr><td>暂缓通过 □</td></tr>
</table>

学习情景二　电路模块学习

情景导入

教师通过 PPT 和实物讲述分立元件同步触发电路模块、晶闸管主电路模块、变压器单元，让学生根据实物绘制电路原理图，并查阅资料分析电路工作原理。

一、锯齿波触发电路模块认知学习

如图 2—2—1 所示为锯齿波触发电路模块实物图。

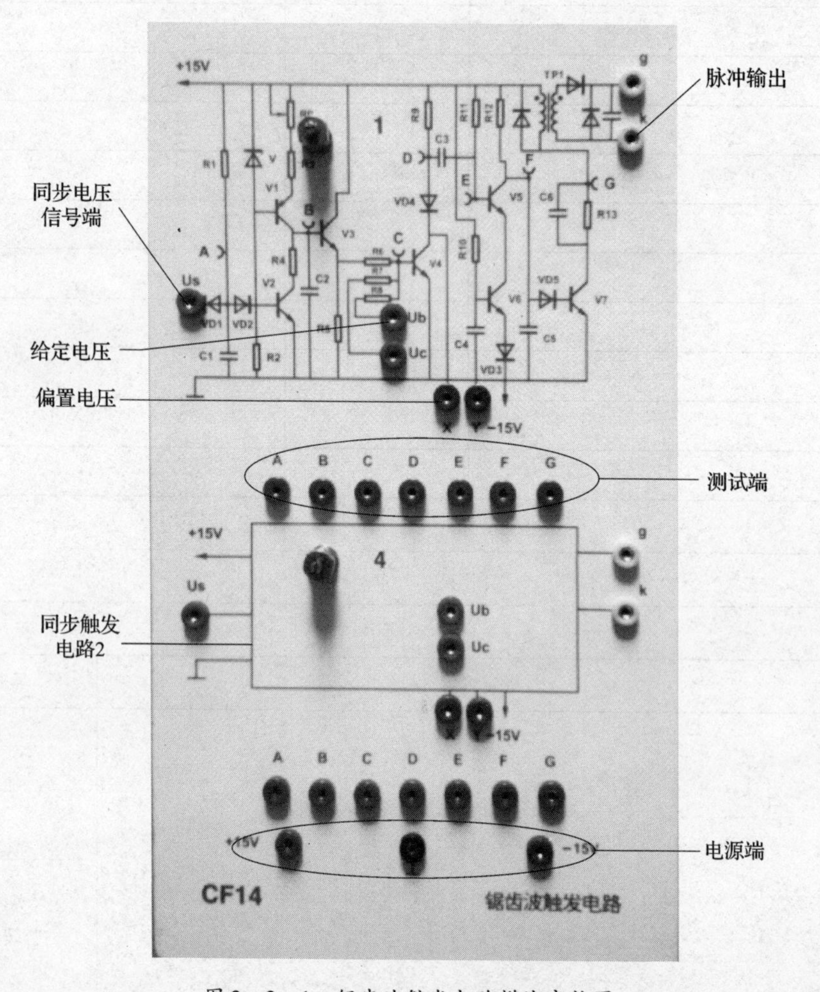

图 2—2—1　锯齿波触发电路模块实物图

图2—2—1中包括两个锯齿波同步触发电路单元，其中第一个在模块上侧，并且给出了原理图，图中也详细标明各部分名称，第二个用方框表示，原理图同第一个。

如图2—2—2所示为锯齿波触发电路的原理图，分析其工作原理。

1. 分析锯齿波触发电路各部分组成及作用，并说明其工作原理。

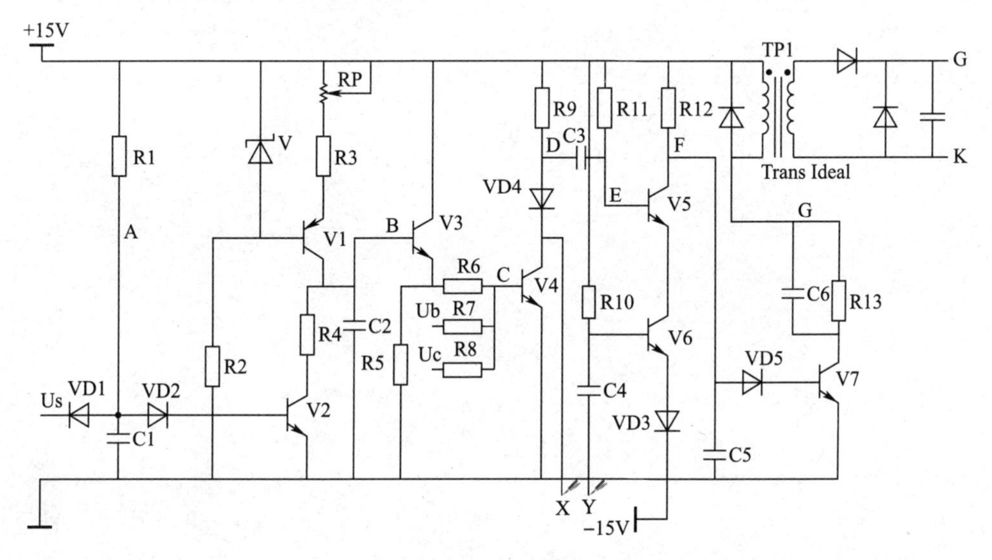

图2—2—2 锯齿波触发电路原理图

2. 分析原理并画出 A、B、C、D、E、F 及 G 点的波形。

3．详细说明脉冲移相原理。

二、三相主变压器认知学习

1．如图 2—2—3 所示为三相变压器实物图，指出各部分名称及作用。

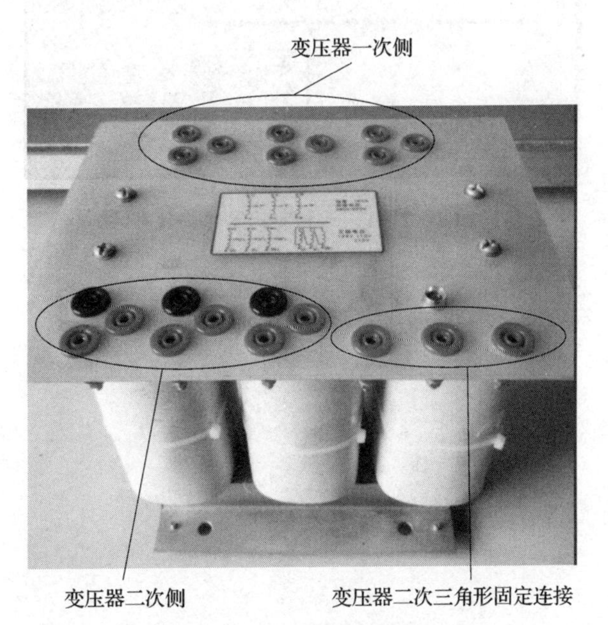

图 2—2—3　三相变压器实物图

2. 三相变压器的联结方式可以分为三角形联结和星形联结，画图说明两种联结方式并分析其特点。

3. 说明如图 2—2—4 所示的三相变压器铭牌数据及各参数的含义。

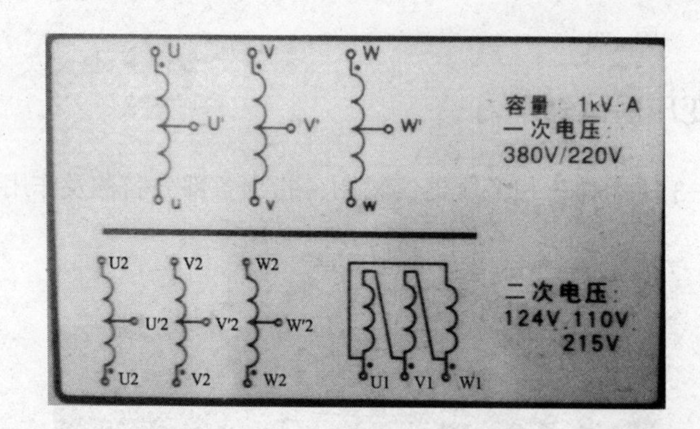

图 2—2—4　三相变压器铭牌数据

4. 三相变压器在电路中的接线方式如图 2—2—5 所示，分析此变压器的联结组别和工作原理。

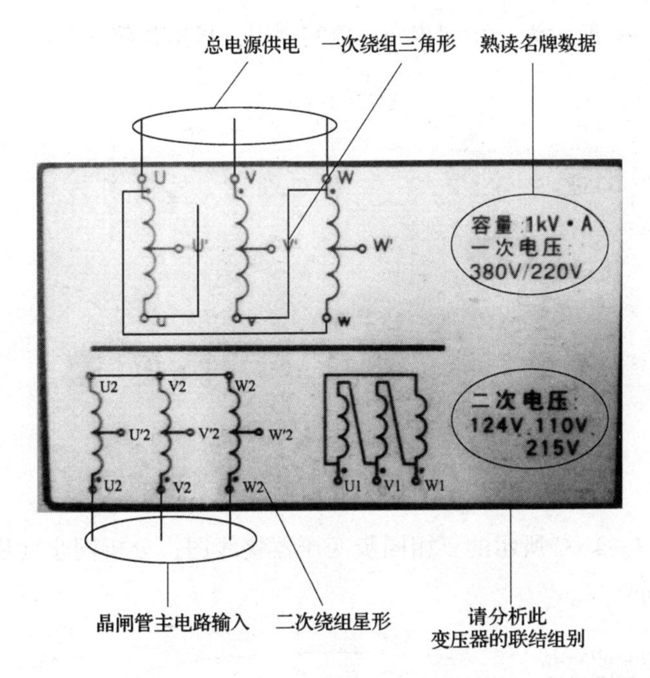

图 2—2—5　三相变压器的接线方式

三、三相同步变压器认知学习

1. 如图2—2—6所示为三相同步变压器实物图，指出各部分名称及作用。

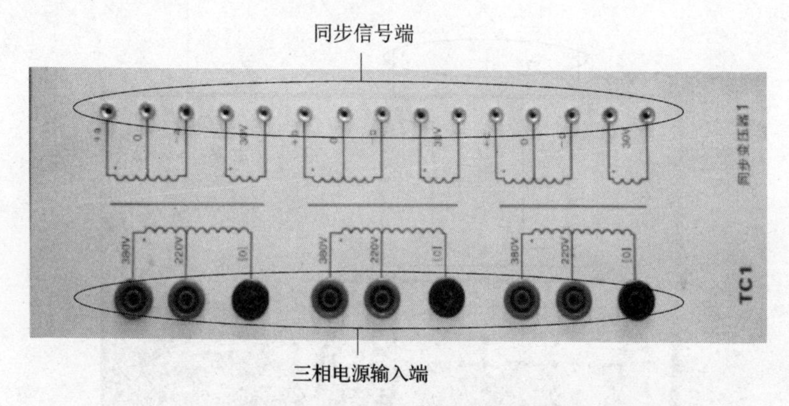

图2—2—6　三相同步变压器实物图

2. 根据如图2—2—7所示的三相同步变压器接线图，分析同步变压器怎样和主电路变压器保持信号同步。

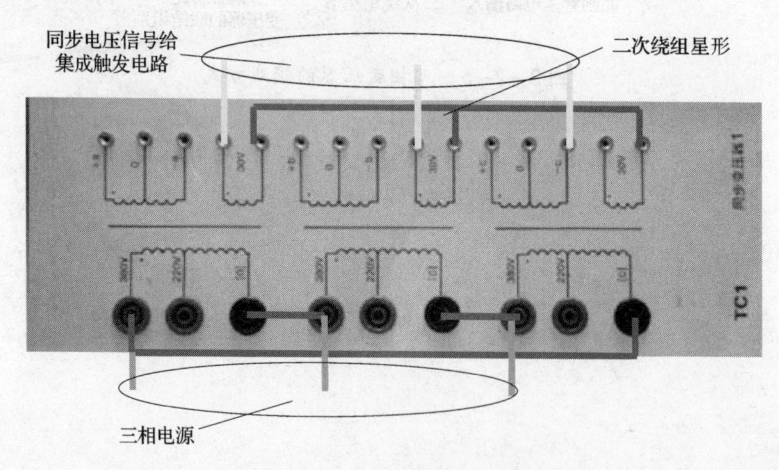

图2—2—7　三相同步变压器接线图

四、可调电源

设计三相半控桥整流电路，原理图如图 2—2—8 所示。

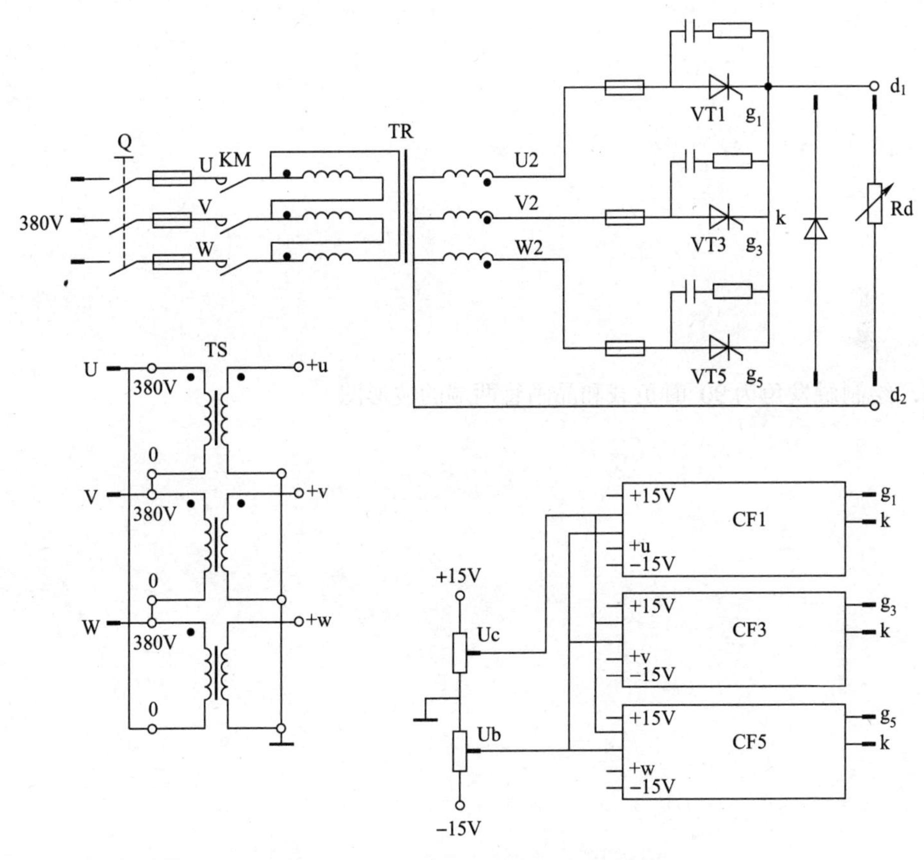

图 2—2—8　三相半控桥整流电路原理图

分析系统在不同的触发角（150°、120°、90°、60°、30°、0°）下负载和晶闸管两端的波形。

1．绘制触发角为 150°时负载和晶闸管两端的波形图。

2．绘制触发角为120°时负载和晶闸管两端的波形图。

3．绘制触发角为90°时负载和晶闸管两端的波形图。

4．绘制触发角为60°时负载和晶闸管两端的波形图。

5. 绘制触发角为30°时负载和晶闸管两端的波形图。

6. 绘制触发角为0°时负载和晶闸管两端的波形图。

学习情景三　计划与实施

一、制订施工计划

查阅相关资料，了解任务实施的基本步骤，结合实际情况，小组讨论并制订工作计划。

“三相调压电源搭建、调试与检修” 工作计划

一、人员分工

1．小组负责人：____________

2．小组成员及分工

姓名	分工

二、材料清单

1．元器件清单

序号	名称	型号	数量

2．工具清单

序号	名称	型号规格	数量

三、工序及工期安排

序号	工作内容	完成时间	备注

四、专业技术规范及安全防护措施

二、现场施工

1．系统搭建

根据如图 2—3—1 所示的三相可调电源接线，完成三相可调电源电路系统的搭建。

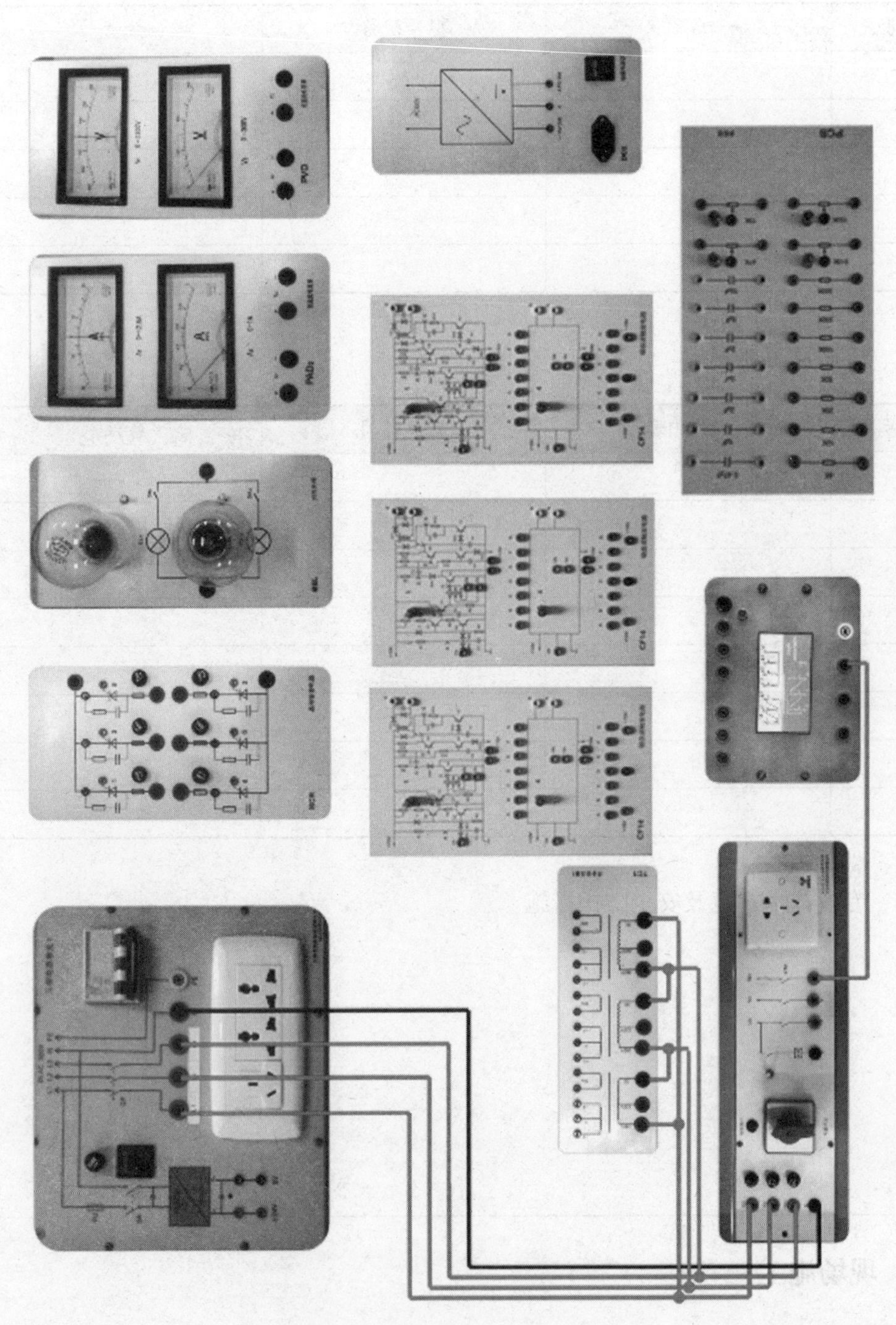

图 2—3—1　三相可调电源接线

2. 接线

完成安装任务，注意任务中电气设备控制线路的安装步骤和工艺要求。在表2—3—1中记录安装过程中遇到的问题及解决方法。

表2—3—1　　安装记录

所遇问题	解决方法

3. 安装完毕进行组内自检和互检

用万用表进行自检，记录自检的项目、过程、测试结果、所遇问题和处理方法。自检与互检无误后，做好标记并清理现场。

（1）完成主电路线路检查，填写表2—3—2。

表2—3—2　　主电路线路检查

线号	节点	检查结果

（2）完成控制电路线路检查，填写表 2—3—3。

表 2—3—3　　控制电路线路检查

线号	节点	检查结果

4. 通电测试

（1）在不启动主回路的情况下，只给触发电路通电，利用万用表和示波器检测并记录电路中的各点波形，查看是否正常，并与前面理论分析的波形进行比较，找出不同。

（2）检测偏置电压电位器 RP 能否控制脉冲移相。

（3）断开触发电路的电源，然后闭合主回路接触器，接通控制回路电源，调节给定电位器 RP，测量负载两端的电压波形，利用万用表测量该电压值并记录。

（4）利用示波器观察主电路中晶闸管两端的电压波形，并对照原理图分析其形成原因，进行记录。

（5）根据原理图，思考每个元器件的作用以及其损坏后对电路造成的影响。

（6）小组间相互交流，将各自遇到的故障现象、故障原因和检修思路记录在表2—3—4中。

表 2—3—4　　三相调压电源搭建、调试与检修试车记录

故障现象	故障原因	检修思路

5. 项目验收

(1) 在验收阶段，各小组安排代表交叉验收，在表 2—3—5 中填写验收记录。

表 2—3—5　　三相调压电源搭建、调试与检修验收记录

验收记录问题	整改措施	完成时间	备注

（2）以小组为单位填写三相调压电源搭建、调试与检修任务验收报告（见表2—3—6），并将学习活动一中的实训任务单填写完整。

表2—3—6　　三相调压电源搭建、调试与检修任务验收报告

<table>
<tr><td>工程项目名称</td><td colspan="4"></td></tr>
<tr><td>建设单位</td><td colspan="2"></td><td>联系人</td><td></td></tr>
<tr><td>地址</td><td colspan="2"></td><td>电话</td><td></td></tr>
<tr><td>施工单位</td><td colspan="2"></td><td>联系人</td><td></td></tr>
<tr><td>地址</td><td colspan="2"></td><td>电话</td><td></td></tr>
<tr><td>项目负责人</td><td colspan="2"></td><td>施工周期</td><td></td></tr>
<tr><td>工程概况</td><td colspan="4"></td></tr>
<tr><td>现存问题</td><td colspan="2"></td><td>完成时间</td><td></td></tr>
<tr><td>改进措施</td><td colspan="4"></td></tr>
<tr><td>验收结果</td><td>主观评价</td><td>客观测试</td><td>施工质量</td><td>材料移交</td></tr>
<tr><td></td><td></td><td></td><td></td><td></td></tr>
</table>

学习情景四　学习过程评价

情景导入

教师集中讲解评价标准，小组进行实训任务评价。

一、工作计划评价

以小组为单位展示本组制订的工作计划，然后在教师点评的基础上对工作计划进行修改完善，并根据表2—4—1所列评分标准进行评分。

表2—4—1　　三相调压电源搭建、调试与检修工作计划评价表

评价内容	分值	评分		
		自我评价	小组评价	教师评价
计划制订是否有条理	10			
计划是否全面、完善	10			
人员分工是否合理	10			

续表

评价内容	分值	评分		
		自我评价	小组评价	教师评价
任务要求是否明确	20			
工具清单是否正确、完整	20			
材料清单是否正确、完整	20			
团队协作	10			
合计	100			

二、施工评价

以小组为单位展示本组施工成果，根据表 2—4—2 所列评分标准进行评分。

表 2—4—2　　三相调压电源搭建、调试与检修施工评价表

评价内容		分值	评分		
			自我评价	小组评价	教师评价
故障分析	故障分析思路清晰	20			
	准确标出最小故障范围				
故障排除	用正确的方法排除故障点	50			
	检修中不扩大故障范围或产生新的故障，一旦发生，能及时自行修复				
	工具、设备无损伤				
安全文明生产	遵守安全文明生产规程	30			
	施工完成后认真清理现场				
施工额定用时：_______ 实际用时：_______ 超时扣分：_______					
合计					

三、综合评价

按项目要求，根据表 2—4—3 所列评价标准对各组工作任务进行综合评价。

表 2—4—3　　三相调压电源搭建、调试与检修综合评价表

评价项目	评价内容	评价标准	评价方式		
			自我评价	小组评价	教师评价
职业素养	安全意识、责任意识	A. 作风严谨，自觉遵章守纪，出色地完成工作任务 B. 能够遵守规章制度，较好地完成工作任务 C. 遵守规章制度，没完成工作任务；或完成工作任务，但忽视规章制度 D. 不遵守规章制度，没完成工作任务			
	学习态度主动性	A. 积极参与教学活动，全勤 B. 缺勤为总学时的 10% C. 缺勤为总学时的 20% D. 缺勤为总学时的 30%			
	团队合作意识	A. 与同学协作融洽，团队合作意识强 B. 能与同学沟通，协同工作能力较强 C. 能与同学沟通，协同工作能力一般 D. 与同学沟通困难，协同工作能力较差			
专业能力	学习情景一	A. 按时、完整地完成工作页，问题回答正确 B. 按时、完整地完成工作页，问题回答基本正确 C. 未能按时完成工作页，或内容遗漏、错误较多 D. 未完成工作页			
	学习情景二	A. 学习情景评价成绩为 90 ~ 100 分 B. 学习情景评价成绩为 75 ~ 89 分 C. 学习情景评价成绩为 60 ~ 74 分 D. 学习情景评价成绩为 0 ~ 59 分			

续表

<table>
<tr><th rowspan="2">评价项目</th><th rowspan="2">评价内容</th><th rowspan="2" colspan="2">评价标准</th><th colspan="3">评价方式</th></tr>
<tr><th>自我评价</th><th>小组评价</th><th>教师评价</th></tr>
<tr><td>专业能力</td><td>学习情景三</td><td colspan="2">A. 学习情景评价成绩为 90 ~ 100 分
B. 学习情景评价成绩为 75 ~ 89 分
C. 学习情景评价成绩为 60 ~ 74 分
D. 学习情景评价成绩为 0 ~ 59 分</td><td></td><td></td><td></td></tr>
<tr><td colspan="2">创新能力</td><td colspan="2">学习过程中提出具有创新性、可行性的建议</td><td colspan="3">加分奖励：</td></tr>
<tr><td colspan="2">班级</td><td></td><td>学号</td><td colspan="3"></td></tr>
<tr><td colspan="2">姓名</td><td></td><td>综合评价等级</td><td colspan="3"></td></tr>
<tr><td colspan="2">指导教师</td><td></td><td>日期</td><td colspan="3"></td></tr>
</table>

学习项目三　直流电动机开环控制系统调试与检修

实训目标

1. 能通过阅读工作任务联系单，明确工作任务要求。

2. 能正确识读电路原理图，绘制安装图及接线图，明确直流电动机开环控制系统组成及工作原理。

3. 能按图样进行接线、调试与检修。

4. 能正确使用仪表检测电路安装的正确性，按照安全操作规程完成对电路的检测。

5. 能按照安全操作管理规定清理施工现场。

6. 提高协作能力、沟通能力及自我学习的能力。

实训学时

10 课时

实训流程

学习情景一　实训任务

学习情景二　电路模块学习

学习情景三　计划与实施

学习情景四　学习过程评价

学习情景五　扩展训练

学习情景一　实 训 任 务

情景导入

融入行动导向的职业教育理念，通过情景化的教学设计，学生完成直流调速系统整机调试，掌握过流与截流保护电路调整方法，学习职业活动中所需的基本知识、专业技能，培养职业素养及综合分析问题、解决问题能力。

一、实训情景

某公司接到一个工作任务，有一批实习学生来进行电力电子技术技能实训，需要用实训平台安装直流电动机开环控制系统并进行整机调试，要求在5个工作日内完成。

公司技术员小冯与相关指导教师进行沟通，现场勘查实训设备，根据安全操作规范，最后共同完成项目作。

二、实训任务单

根据实训情景，明确实训任务的工作内容、时间要求及验收标准，并根据实际情况完成表3—1—1。

表3—1—1 ______________________项目联系单

项目名称			工时	
实训地点			联系人	
安装人员			承接时间	年　月　日
项目目标	能力目标		知识目标	
工具器材准备	仪器设备	数量	主要工具	数量
引导资料				

续表

<table>
<tr><td colspan="4">任务计划</td></tr>
<tr><td rowspan="10">任务实施时间节点</td><td>情景实施步骤</td><td>计划时间</td><td>过程评估与分析</td></tr>
<tr><td></td><td></td><td></td></tr>
<tr><td></td><td></td><td></td></tr>
<tr><td></td><td></td><td></td></tr>
<tr><td></td><td></td><td></td></tr>
<tr><td></td><td></td><td></td></tr>
<tr><td></td><td></td><td></td></tr>
<tr><td></td><td></td><td></td></tr>
<tr><td></td><td></td><td></td></tr>
<tr><td></td><td></td><td></td></tr>
<tr><td rowspan="3">问题讨论</td><td colspan="3"></td></tr>
<tr><td colspan="3"></td></tr>
<tr><td colspan="3"></td></tr>
<tr><td rowspan="3">教师评定</td><td colspan="2">教师建议</td><td>成绩</td></tr>
<tr><td colspan="2" rowspan="2"></td><td>通过 □</td></tr>
<tr><td>暂缓通过 □</td></tr>
</table>

学习情景二　电路模块学习

情景导入

教师通过 PPT 和实物讲述集成触发电路模块、晶闸管主电路模块、变压器单元、电动机组，让学生看着实物绘制电路原理图，并查阅资料分析电路工作原理。

一、集成同步触发电路模块认知

1. 如图 3—2—1 所示为集成同步触发电路模块实物图，给出了模块电路原理图，并说明了各部分名称及作用。

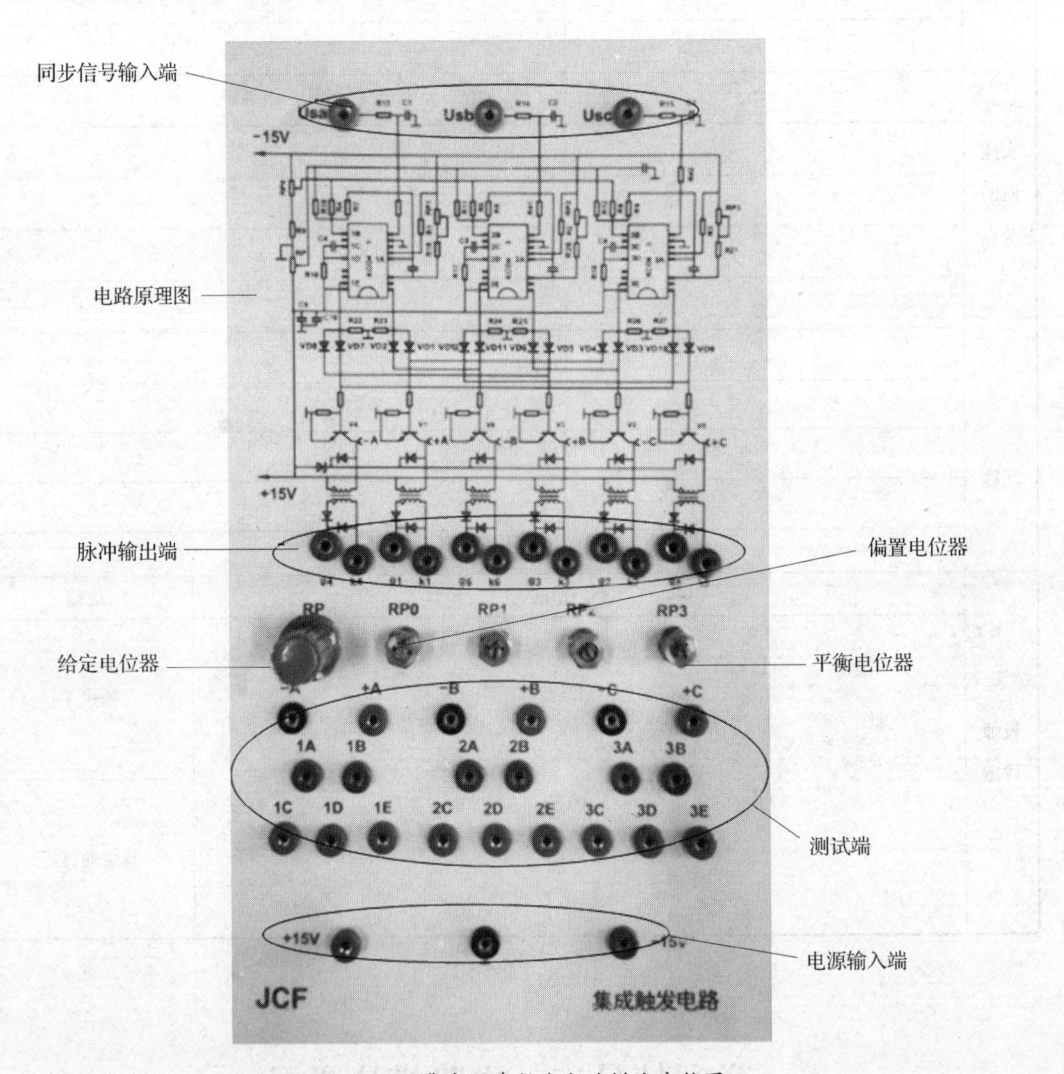

图 3—2—1　集成同步触发电路模块实物图

2. KJ004 集成触发电路

如图 3—2—2 所示为 KJ004 集成触发电路原理图，分析其工作原理。

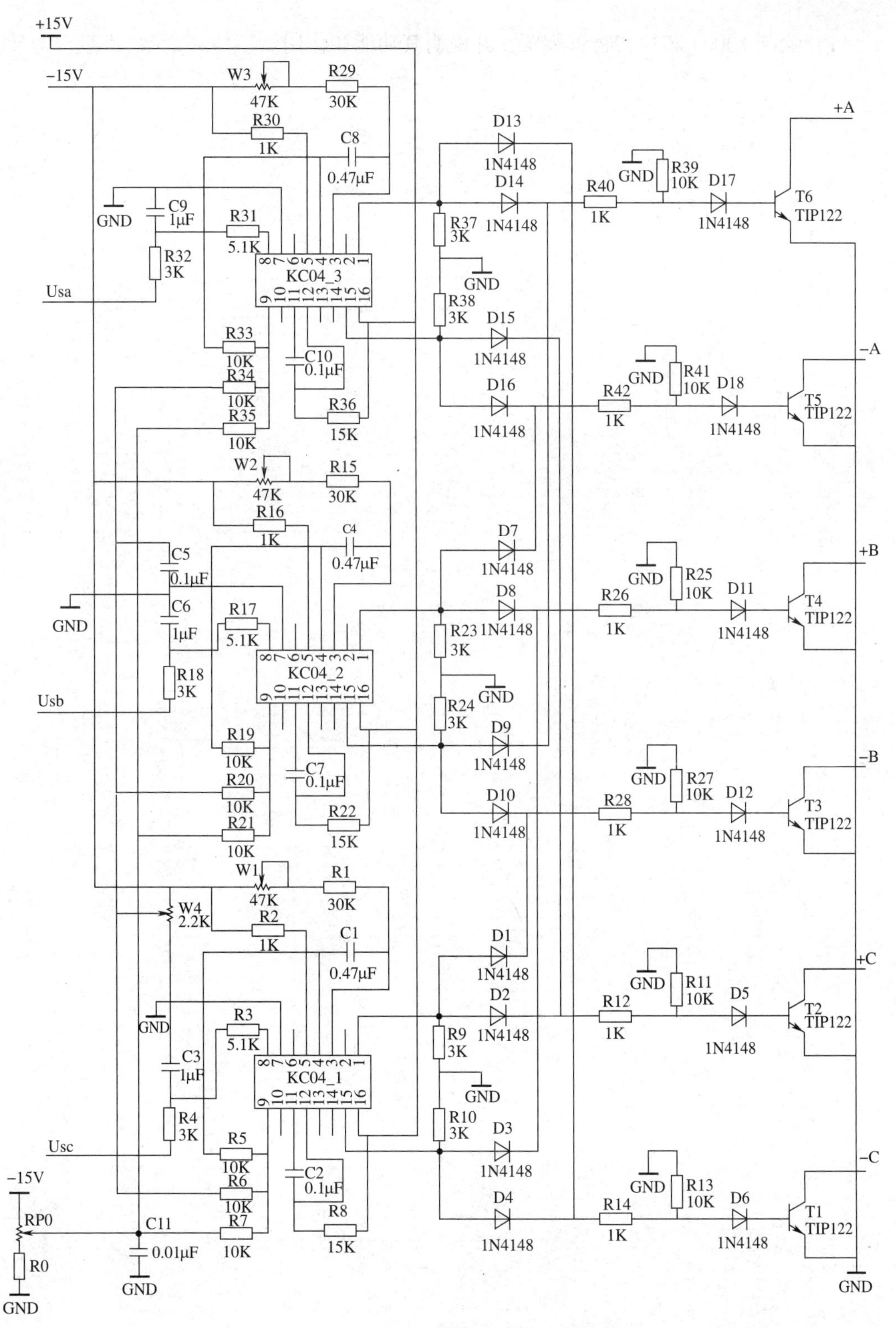

图 3—2—2 KJ004 集成触发电路原理图

（1）绘制 KJ004 芯片实物管脚图，并说明其功能和作用。

（2）分析电路各部分组成及作用，并说明其工作原理。

（3）分析原理并画出图 3—2—1 中 1A、2A、1B、2B、1C、2C、1D、2D、1E 及 2E 点的波形。

二、电动机组学习

1．如图 3—2—3 所示为电动机组实物图，并指出了各部分名称及作用。

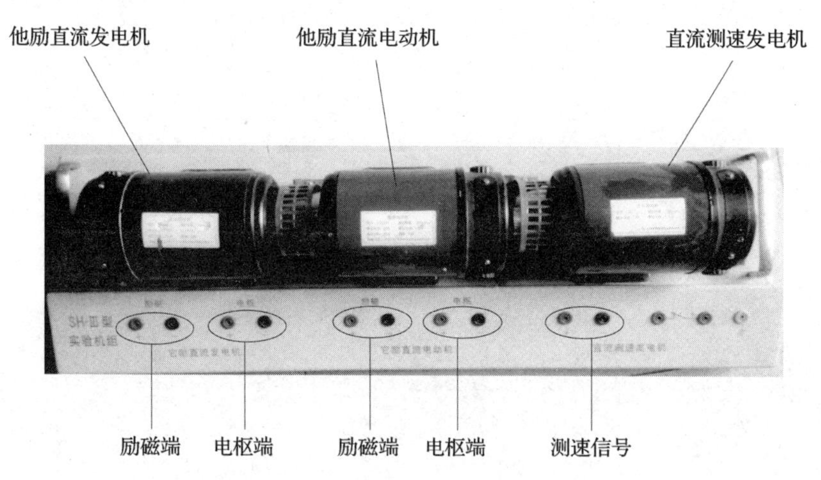

图 3—2—3　电动机组实物图

2．说明如图 3—2—4 所示电动机、发电机、测速发电机铭牌数据各参数的含义。

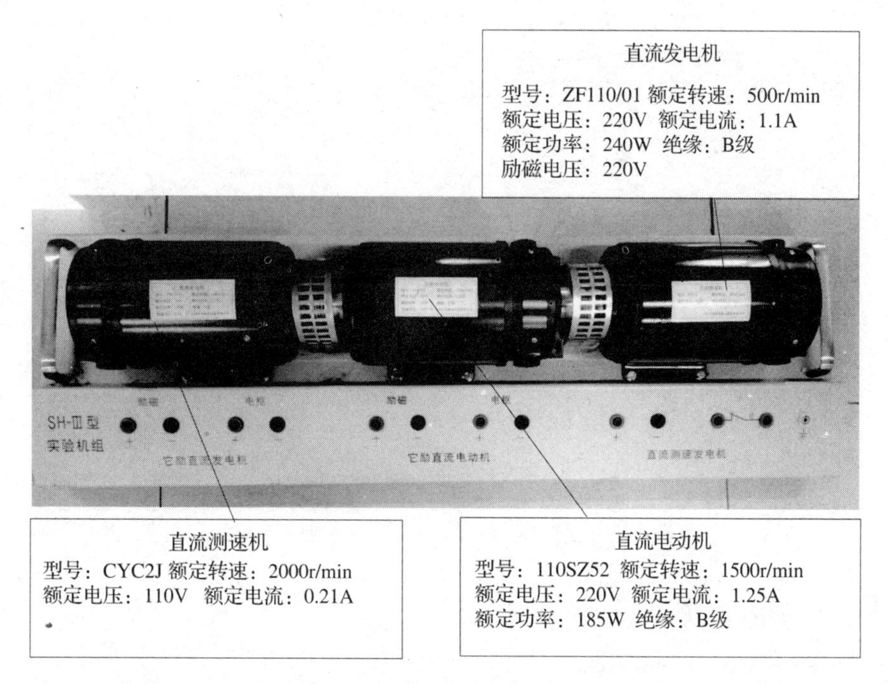

图 3—2—4　铭牌数据

3. 他励直流电动机有哪些调速方式？绘制其机械特性曲线，分析其各自特点。

三、直流电动机开环控制原理图

1. 直流电动机开环控制系统电路原理框图如图 3—2—5 所示。

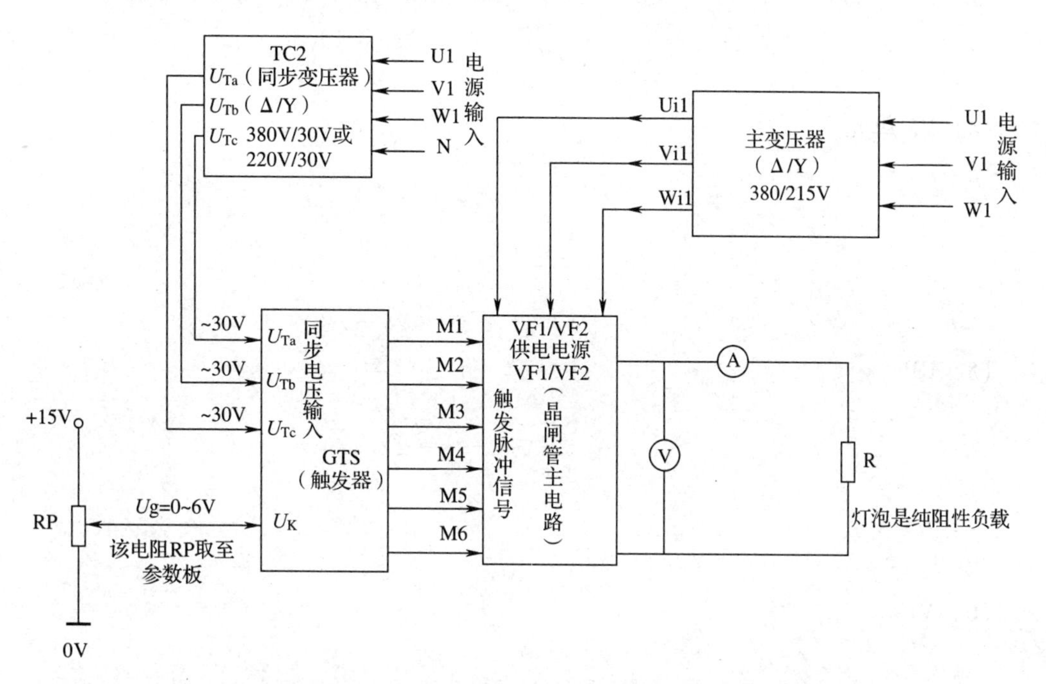

图 3—2—5　直流电动机开环控制系统电路原理框图

根据原理框图，说明每个单元和周边元器件的作用。

（1）主变压器。

（2）TC2 单元。

（3）GTS 单元。

（4）VF 单元。

（5）RP。

（6）V。

（7）A。

（8）R。

2. 根据给出的直流电动机开环控制系统电路原理框图，设计直流电动机开环控制系统原理图。

学习情景三　计划与实施

一、制订施工计划

查阅相关资料，了解任务实施的基本步骤，结合实际情况，小组讨论并制订工作计划。

“直流电动机开环控制系统调试与检修”工作计划

一、人员分工

1．小组负责人：____________

2．小组成员及分工

姓名	分工

二、材料清单

1．元器件清单

序号	名称	型号	数量

2. 工具清单

序号	名称	型号规格	数量

三、工序及工期安排

序号	工作内容	完成时间	备注

四、专业技术规范及安全防护措施

二、现场施工

1. 开环控制系统阻性负载系统搭建

根据如图 3—3—1 所示的阻性负载接线图，完成直流电动机开环控制系统搭建。

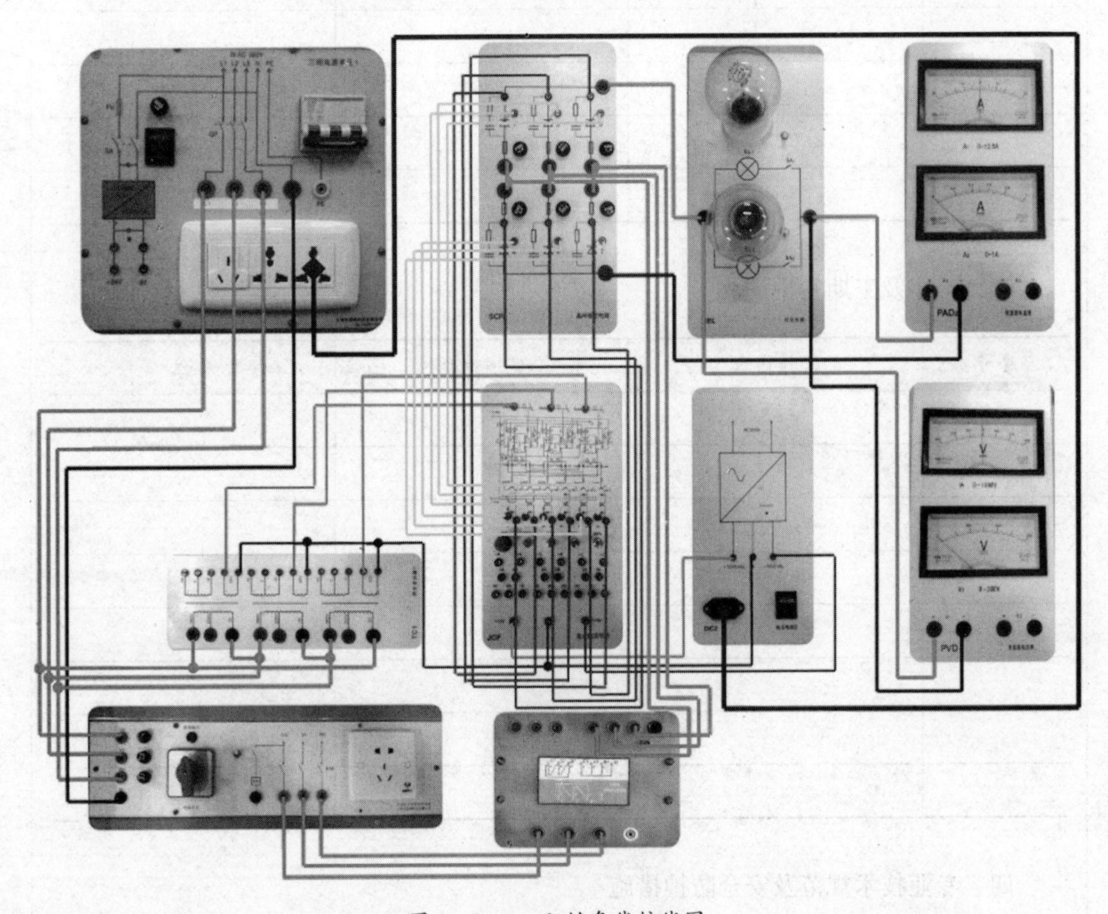

图 3—3—1　阻性负载接线图

2. 接线

注意任务中实训电路模块布局及导线连接工艺要求，完成安装任务。在表 3—3—1 中记录安装过程中遇到的问题及解决方法。

3. 安装完毕后进行组内自检和互检

用万用表进行自检，记录自检的项目、过程、测试结果、所遇问题和处理方法。自检无误后，做好标记并清理现场。

（1）完成主电路线路检查，填写表 3—3—2。

表 3—3—1　安装记录

所遇问题	解决方法

表 3—3—2　主电路线路检查

线号	节点	检查结果

续表

线号	节点	检查结果

（2）完成控制电路线路检查，填写表3—3—3。

表3—3—3　　控制电路线路检查

线号	节点	检查结果

续表

线号	节点	检查结果

4. 通电测试

（1）不启动主回路的情况下，只给触发电路通电，利用万用表和示波器检测并记录电路中的各点波形，查看是否正常，并与前面理论分析的波形进行比较，找出不同。

（2）分别调节 RP1、RP2 及 RP3，同时观察示波器波形，保证三相平衡。调节偏置电压电位器 RP 确定初相位并记录。

（3）断开触发电路的电源，闭合主回路接触器，接通控制回路电源，调节给定电位器 RP，测量负载两端的电压波形以及电压值，并进行记录。

（4）根据原理图，思考每个元器件的作用以及其损坏后对电路造成的影响，并填写表3—3—4。

表3—3—4　　元器件检测

序号	元器件	故障现象	分析原因

（5）小组间相互交流，将各自遇到的故障现象、故障原因和检修思路记录在表3—3—5中。

表3—3—5　　　　　　　　故障检查

故障现象	故障原因	检修思路

5．项目验收

（1）在验收阶段，各小组安排代表交叉验收，在表3—3—6中填写验收记录。

表3—3—6　　直流电动机开环控制系统调试与检修验收记录

组别	验收记录问题	检测措施	完成时间	备注

（2）以小组为单位填写直流电动机开环控制系统调试与检修任务验收报告（见表3—3—7），并将学习活动一中的实训任务单填写完整。

表3—3—7　　直流电动机开环控制系统调试与检修任务验收报告

工程项目名称				
建设单位		联系人		
地址		电话		
施工单位		联系人		
地址		电话		
项目负责人		施工周期		
工程概况				
现存问题		完成时间		
改进措施				
验收结果	主观评价	客观测试	施工质量	材料移交

学习情景四　学习过程评价

情景导入

教师集中讲解评价标准，小组进行实训任务评价。

一、工作计划评价

以小组为单位展示本组制订的工作计划，然后在教师点评的基础上对工作计划进行修改完善，并根据表3—4—1所列评分标准进行评分。

表3—4—1　　直流电动机开环控制系统调试与检修工作计划评价表

评价内容	分值	评分		
		自我评价	小组评价	教师评价
计划制订是否有条理	10			
计划是否全面、完善	10			
人员分工是否合理	10			

续表

评价内容	分值	评分		
		自我评价	小组评价	教师评价
任务要求是否明确	20			
工具清单是否正确、完整	20			
材料清单是否正确、完整	20			
团队协作	10			
合计	100			

二、施工评价

以小组为单位展示本组施工成果，根据表3—4—2所列评分标准进行评分。

表3—4—2　　直流电动机开环控制系统调试与检修施工评价表

评价内容		分值	评分		
			自我评价	小组评价	教师评价
安装接线	布局合理	20			
	接线工艺规范				
调试检修	调试方法	50			
	检修方法				
安全文明生产	遵守安全文明生产规程	30			
	施工完成后认真清理现场				
施工额定用时：________ 实际用时：________ 超时扣分：________					
合计					

三、综合评价

按项目要求，根据表3—4—3所列的评价表对各组工作任务进行综合评价。

表 3—4—3　　直流电动机开环系统调试与检修综合评价表

评价项目	评价内容	评价标准	评价方式		
			自我评价	小组评价	教师评价
职业素养	安全意识、责任意识	A. 作风严谨，自觉遵章守纪，出色地完成工作任务 B. 能够遵守规章制度，较好地完成工作任务 C. 遵守规章制度，没完成工作任务；或完成工作任务，但忽视规章制度 D. 不遵守规章制度，没完成工作任务			
	学习态度主动性	A. 积极参与教学活动，全勤 B. 缺勤为总学时的 10% C. 缺勤为总学时的 20% D. 缺勤为总学时的 30%			
	团队合作意识	A. 与同学协作融洽，团队合作意识强 B. 能与同学沟通，协同工作能力较强 C. 能与同学沟通，协同工作能力一般 D. 与同学沟通困难，协同工作能力较差			
专业能力	学习情景一	A. 按时、完整地完成工作页，问题回答正确 B. 按时、完整地完成工作页，问题回答基本正确 C. 未能按时完成工作页，或内容遗漏、错误较多 D. 未完成工作页			
	学习情景二	A. 学习情景评价成绩为 90 ~ 100 分 B. 学习情景评价成绩为 75 ~ 89 分 C. 学习情景评价成绩为 60 ~ 74 分 D. 学习情景评价成绩为 0 ~ 59 分			
	学习情景三	A. 学习情景评价成绩为 90 ~ 100 分 B. 学习情景评价成绩为 75 ~ 89 分 C. 学习情景评价成绩为 60 ~ 74 分 D. 学习情景评价成绩为 0 ~ 59 分			
创新能力		学习过程中提出具有创新性、可行性的建议	加分奖励：		
班级			学号		
姓名			综合评价等级		
指导教师			日期		

学习情景五　扩 展 训 练

设计一开环系统，负载为电动机，画出接线图，并进行安装与调试。

1. 平波电抗器的作用是什么?

2. 当主电路为三相全控桥，负载为电动机时，电路的移相范围有什么不同?

3. 主电路为三相全控桥式整流电路，负载为感性负载时，加续流二极管和不加续流二极管的区别是什么?

学习项目四　转速单闭环直流调速系统调试与检修

实训目标

1. 能通过阅读实训任务联系单，明确实训任务要求。
2. 掌握转速单闭环直流调速系统的调试与检修的方法。
3. 提高协作能力、沟通能力及自我学习的能力。

实训学时

10 课时

实训流程

学习情景一　实训任务

学习情景二　电路模块学习

学习情景三　计划与实施

学习情景四　学习过程评价

学习情景五　拓展训练

学习情景一　实 训 任 务

情景导入

学习项目四，学生小组独立完成。

一、实训情景

某公司接到一个工作任务，有一批实习学生来进行电力电子技术技能实训，需要用实训平台安装转速单闭环直流调速系统并进行整机调试，要求在5个工作日内完成。

公司技术员小冯与相关指导教师进行沟通，现场勘查电力电子实训设备，根据安全操作规范，最后共同完成项目工作。

二、实训任务单

根据实训情景，明确实训任务的工作内容、时间要求及验收标准，并根据实际情况完成表4—1—1。

表 4—1—1 ____________________项目联系单

项目名称		工时	
实训地点		联系人	
安装人员		承接时间	年 月 日

实训目标	能力目标		知识目标	

工具器材准备	仪器设备	数量	主要工具	数量

引导资料	

任务计划			
任务实施时间节点	情景实施步骤	计划时间	过程评估与分析

问题讨论	

教师评定	教师建议	成绩
		通过 □
		暂缓通过 □

学习情景二　电路模块学习

情景导入

教师通过PPT和实物讲述调节板电路模块、晶闸管主电路模块、变压器单元，让学生根据实物绘制电路原理图，并查阅资料分析电路工作原理。

一、触发电路模块认知

如图4—2—1所示为单触发器电路模块实物图，给出了模块电路原理图。

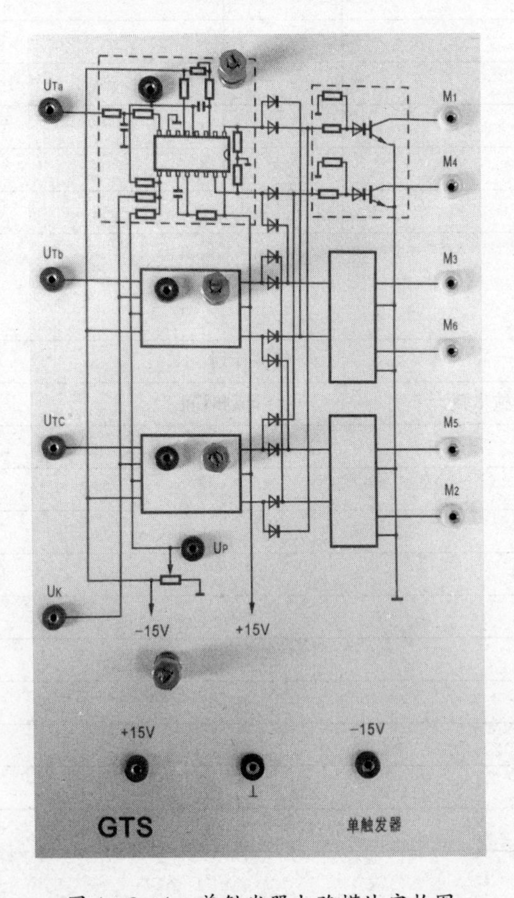

图4—2—1　单触发器电路模块实物图

该单触发器电路原理与前面学习项目学习的锯齿波集成同步触发电路原理相同，学习内容也一致，不做重复。

二、调节板电路模块学习

1. 如图4—2—2所示为电流调节板的实物图，并指出了各部分名称及作用。

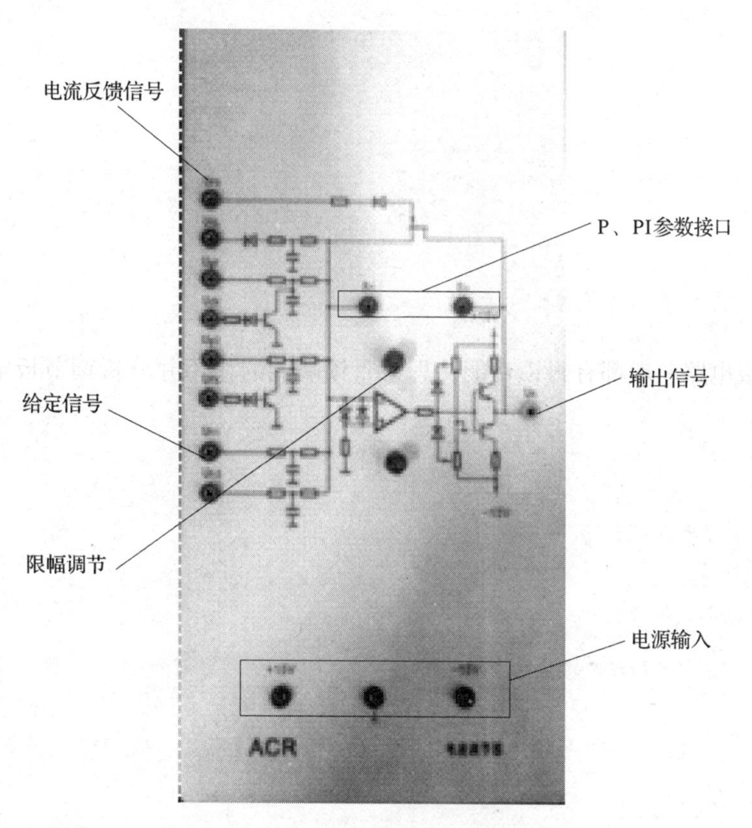

图4—2—2 调节板实物图

2. 绘制利用4—2—2所示调节板组成P调节器（$Kp = 10$）的电路原理图，并详细分析其工作原理。

3. 绘制利用4—2—2所示调节板组成P调节器（Kp=25，$T_{\mathrm{i}}=0.02$）的电路原理图，并详细分析其工作原理。

4. 调节板电路一般都有封锁功能，思考封锁功能的作用并分析调节板电路是如何实现封锁功能的？

5. 调节板电路一般都有限幅功能，思考限幅功能的作用并分析调节板电路是如何实现限幅功能的？如何调节限幅值？

三、转速单闭环直流调速系统原理图

1. 转速单闭环直流调速系统原理框图如图 4—2—3 所示。

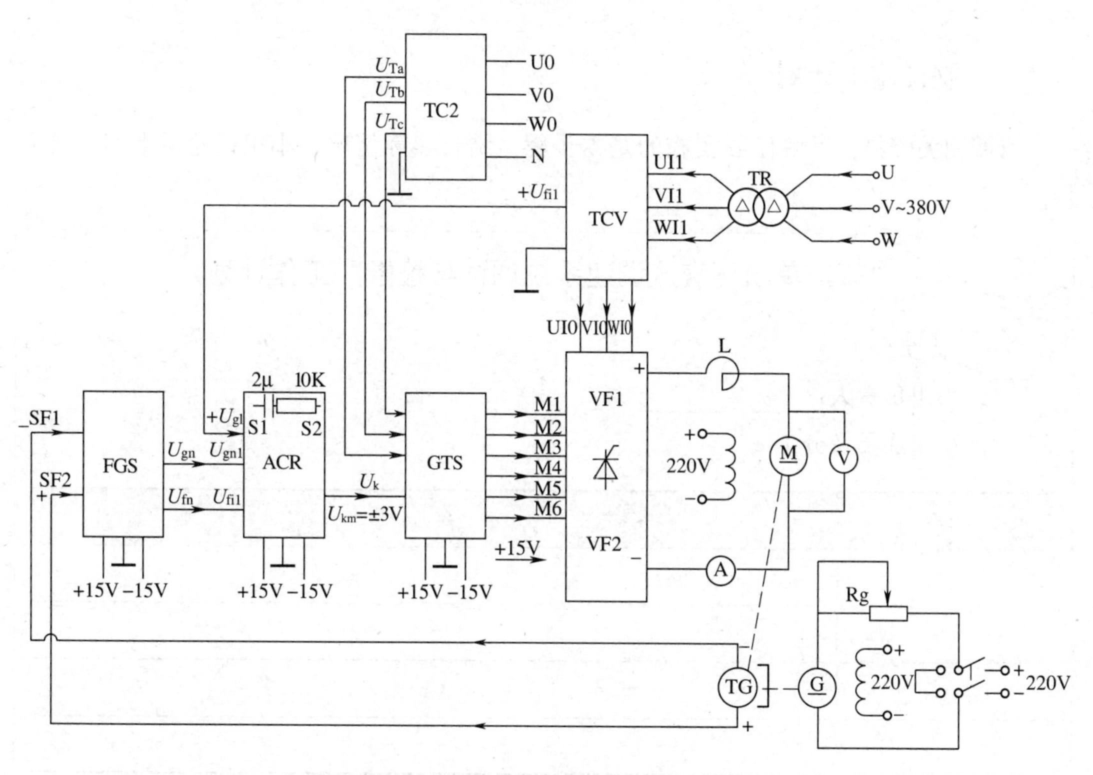

图 4—2—3　转速单闭环直流调速系统原理框图

2. 根据原理框图，设计直流电动机开环控制系统原理图。

学习情景三 计划与实施

一、制订施工计划

查阅相关资料，了解任务实施的基本步骤，结合实际情况，小组讨论并制订工作计划。

"转速单闭环直流调速系统调试与检修"工作计划

一、人员分工

1. 小组负责人：________

2. 小组成员及分工

姓名	分工

二、材料清单

1. 元器件清单

序号	名称	型号	数量

2. 工具清单

序号	名称	型号规格	数量

三、工序及工期安排

序号	工作内容	完成时间	备注

四、安全防护措施

二、现场施工

1．转速单闭环直流调速系统阻性负载系统搭建

根据如图 4—3—1 所示的阻性负载接线图，完成直流电动机转速单闭环直流调速系统阻性负载搭建。

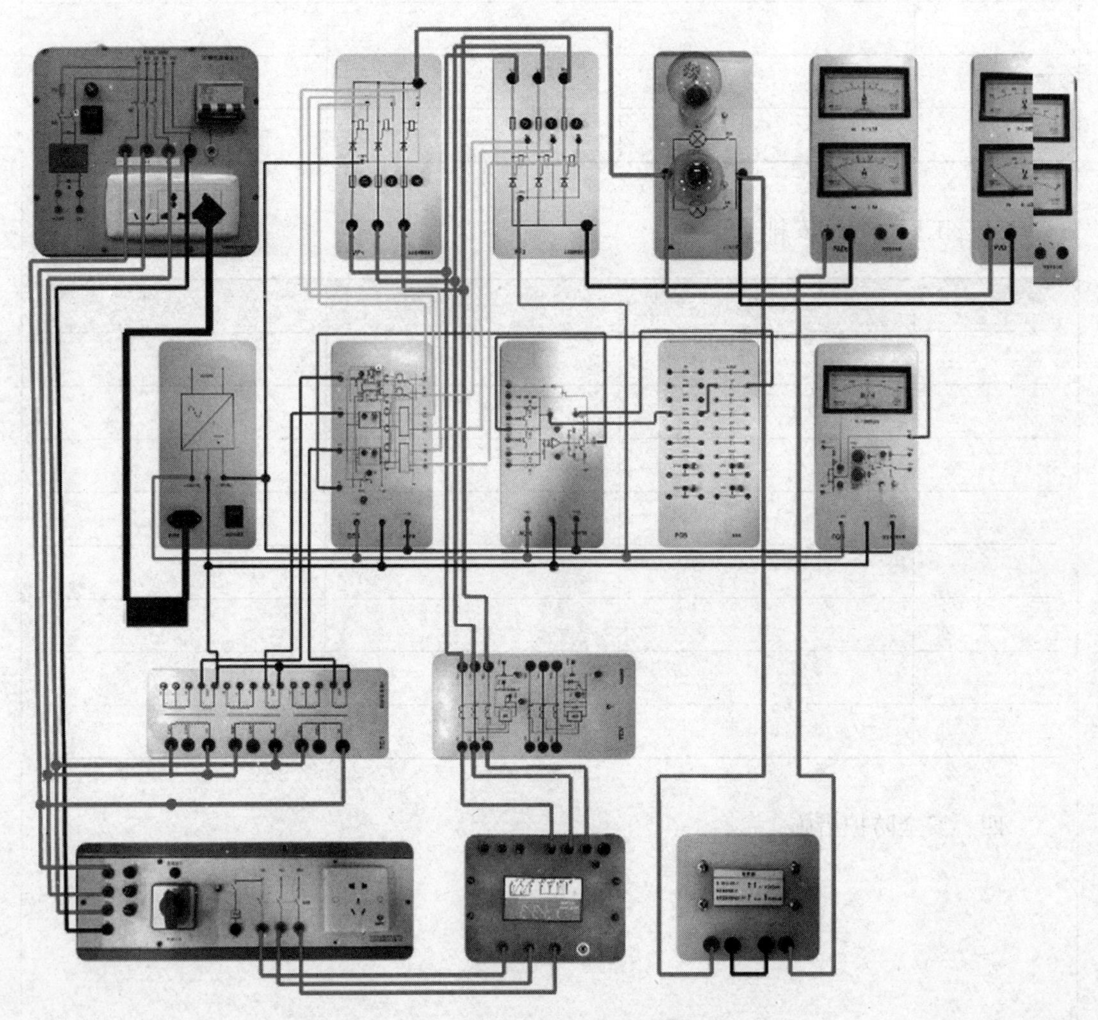

图 4—3—1　阻性负载接线图

2．接线

注意任务中电气设备控制线路的安装步骤和工艺要求，完成安装任务。在表 4—3—1 中记录安装过程中遇到的问题及解决方法。

表 4—3—1　　安装记录

所遇问题	解决方法

3．安装完毕后进行组内自检和互检

用万用表进行自检，记录自检的项目、过程、测试结果、所遇问题和处理方法。自检无误后，张贴标签，清理现场。

（1）完成主电路线路检查，填写表 4—3—2。

表 4—3—2　主电路线路检查

线号	节点	检查结果

（2）完成控制电路线路检查，填写表 4—3—3。

表 4—3—3　控制电路线路检查

线号	节点	检查结果

续表

线号	节点	检查结果

4. 通电测试

（1）开环带电阻性负载调试。

（2）闭环带电阻性负载调试。

（3）小组间相互交流，将各自遇到的故障现象、故障原因和检修思路记录在表4—3—4中。

表4—3—4 故障记录

故障现象	故障原因	检修思路

续表

故障现象	故障原因	检修思路

5．项目验收

（1）在验收阶段，各小组安排代表交叉验收，在表4—3—5中填写验收记录。

表4—3—5　　转速单闭环直流调速系统调试与检修验收记录

验收记录问题	调试及故障	完成时间	备注

续表

验收记录问题	调试及故障	完成时间	备注

（2）以小组为单位填写单闭环直流调速系统的安装与调试任务验收报告（见表4—3—6），并将学习活动一中的实训任务单填写完整。

表4—3—6　　转速单闭环直流调速系统安装与调试任务验收报告

<table>
<tr><td>工程项目名称</td><td colspan="4"></td></tr>
<tr><td>建设单位</td><td colspan="2"></td><td>联系人</td><td></td></tr>
<tr><td>地址</td><td colspan="2"></td><td>电话</td><td></td></tr>
<tr><td>施工单位</td><td colspan="2"></td><td>联系人</td><td></td></tr>
<tr><td>地址</td><td colspan="2"></td><td>电话</td><td></td></tr>
<tr><td>项目负责人</td><td colspan="2"></td><td>施工周期</td><td></td></tr>
<tr><td>工程概况</td><td colspan="4"></td></tr>
<tr><td>现存问题</td><td colspan="2"></td><td>完成时间</td><td></td></tr>
<tr><td>改进措施</td><td colspan="4"></td></tr>
<tr><td>验收结果</td><td>主观评价</td><td>客观测试</td><td>施工质量</td><td>材料移交</td></tr>
<tr><td></td><td></td><td></td><td></td><td></td></tr>
</table>

学习情景四　学习过程评价

情景导入

教师集中讲解评价标准，小组进行任务评价。

一、工作计划评价

以小组为单位展示本组制订的工作计划，然后在教师点评的基础上对工作计划进行修改完善，并根据表4—4—1所列评分标准进行评分。

表4—4—1　　转速单闭环直流调速系统调试与检修工作计划评价表

评价内容	分值	评分		
		自我评价	小组评价	教师评价
计划制订是否有条理	10			
计划是否全面、完善	10			
人员分工是否合理	10			
任务要求是否明确	20			
工具清单是否正确、完整	20			
材料清单是否正确、完整	20			
团队协作	10			
合计	100			

二、施工评价

以小组为单位展示本组施工成果，根据表4—4—2所列评分标准进行评分。

表4—4—2　　转速单闭环直流调速系统调试与检修施工评价表

评价内容		分值	评分		
			自我评价	小组评价	教师评价
系统设计	原理图设计	20			
	系统布局及接线图				

续表

评价内容		分值	评分		
			自我评价	小组评价	教师评价
接线调试	电路模块布局 调试及检修方法	50			
安全文明生产	遵守安全文明生产规程	30			
	施工完成后认真清理现场				
施工额定用时：_______ 实际用时：_______ 超时扣分：_______					
合计					

三、综合评价

按项目要求，根据表 4—4—3 所列的评价表对各组工作任务进行综合评价。

表 4—4—3　　　　转速单闭环直流调速系统调试与检修综合评价表

评价项目	评价内容	评价标准	评价方式		
			自我评价	小组评价	教师评价
职业素养	安全意识、责任意识	A. 作风严谨，自觉遵章守纪，出色地完成工作任务 B. 能够遵守规章制度，较好地完成工作任务 C. 遵守规章制度，没完成工作任务；或完成工作任务，但忽视规章制度 D. 不遵守规章制度，没完成工作任务			
	学习态度主动性	A. 积极参与教学活动，全勤 B. 缺勤为总学时的 10% C. 缺勤为总学时的 20% D. 缺勤为总学时的 30%			

续表

评价项目	评价内容	评价标准	评价方式		
			自我评价	小组评价	教师评价
职业素养	团队合作意识	A. 与同学协作融洽，团队合作意识强 B. 能与同学沟通，协同工作能力较强 C. 能与同学沟通，协同工作能力一般 D. 与同学沟通困难，协同工作能力较差			
专业能力	学习情景一	A. 按时、完整地完成工作页，问题回答正确 B. 按时、完整地完成工作页，问题回答基本正确 C. 未能按时完成工作页，或内容遗漏、错误较多 D. 未完成工作页			
	学习情景二	A. 学习情景评价成绩为 90 ~ 100 分 B. 学习情景评价成绩为 75 ~ 89 分 C. 学习情景评价成绩为 60 ~ 74 分 D. 学习情景评价成绩为 0 ~ 59 分			
	学习情景三	A. 学习情景评价成绩为 90 ~ 100 分 B. 学习情景评价成绩为 75 ~ 89 分 C. 学习情景评价成绩为 60 ~ 74 分 D. 学习情景评价成绩为 0 ~ 59 分			
创新能力		学习过程中提出具有创新性、可行性的建议	加分奖励：		

班级		学号	
姓名		综合评价等级	
指导教师		日期	

学习情景五 拓 展 训 练

设计带电流截止负反馈功能的单闭环直流调速系统带电动机负载时的接线图，输出电压 220 V，额定电流 5 A，并进行安装与调试。

1．电动机转速负反馈接线注意事项。

2．闭环系统调试步骤。

3．电动机挖土机特性曲线测试。

实训模块三

直流调压/调速装置检修

学习项目一　DSC－32 直流调压/调速装置认知

实训目标

1. 能通过阅读实训任务联系单和现场勘查，明确实训任务要求。
2. 能正确阅读设备说明书。
3. 能正确分析 DSC－32 直流调压柜的结构及组成。
4. 熟悉元器件位置及信号去向。
5. 能规范操作设备，施工后能按照管理规定清理施工现场。

实训学时

4 课时

实训流程

学习情景一　实训任务

学习情景二　DSC－32 直流调压/调速装置参数指标及应用场所

学习情景三　DSC－32 直流调压/调速装置组成与操作步骤

学习情景四　计划与实施

学习情景五　学习过程评价

学习情景一　实 训 任 务

情景导入

融入行动导向的职业教育理念，通过情景化的教学设计，使学生在完成直流调速系统检修训练中，学习职业活动中所需的基本知识、专业技能，培养职业素养及综合分析问题、解决问题的能力。

教师组织学生，示范讲解 DSC－32 直流调压/调速装置实体，结合 PPT 及板书讲解结构组成及各模块电路。

一、实训情景

某钢铁企业采用多台 DSC－32 直流调压/调速柜在现场驱动直流电动机，实现轧制钢板的输送工作。现在有一台设备发生了故障，不能正常工作，向我校王老师求助，希望能够在 5 个工作日内完成检修任务。

王老师接到任务后，与企业技术人员和现场工作人员进行沟通，并进行现场实地考察，做出初步方案且征得客户同意。王老师和相关技术人员制订了详细的工作计划，然后到现场维修系统，最终恢复生产，和公司负责人完成项目验收工作。

二、实训任务单

根据任务要求，需要进行实地考察，明确实训任务的工作内容、时间要求及验收标准，并根据实际情况完成表 1—1—1。

表 1—1—1　　　　＿＿＿＿＿＿＿＿＿＿＿＿＿＿＿项目联系单

<table>
<tr><td colspan="2">项目名称</td><td colspan="3">DSC－32 直流调压/调速装置认知</td><td colspan="2">工　时</td><td></td></tr>
<tr><td colspan="2">检修地点</td><td colspan="3"></td><td colspan="2">联系人</td><td></td></tr>
<tr><td colspan="2">安装人员</td><td colspan="3"></td><td colspan="2">承接时间</td><td>年　月　日</td></tr>
<tr><td>实训目标</td><td>能力目标</td><td colspan="3">（1）熟悉装置组成与结构
（2）熟悉装置电路单元作用
（3）熟悉装置参数与作用</td><td>知识目标</td><td colspan="2">（1）了解 DSC－32 直流调压/调速装置的结构及参数指标
（2）理解各部分电路工作原理</td></tr>
<tr><td rowspan="11">工具器材准备</td><td colspan="2">仪器设备</td><td>数量</td><td colspan="3">主要工具</td><td>数量</td></tr>
<tr><td colspan="2"></td><td></td><td colspan="3"></td><td></td></tr>
<tr><td colspan="2"></td><td></td><td colspan="3"></td><td></td></tr>
<tr><td colspan="2"></td><td></td><td colspan="3"></td><td></td></tr>
<tr><td colspan="2"></td><td></td><td colspan="3"></td><td></td></tr>
<tr><td colspan="2"></td><td></td><td colspan="3"></td><td></td></tr>
<tr><td colspan="2"></td><td></td><td colspan="3"></td><td></td></tr>
<tr><td colspan="2"></td><td></td><td colspan="3"></td><td></td></tr>
<tr><td colspan="2"></td><td></td><td colspan="3"></td><td></td></tr>
<tr><td colspan="2"></td><td></td><td colspan="3"></td><td></td></tr>
<tr><td colspan="2"></td><td></td><td colspan="3"></td><td></td></tr>
<tr><td>引导资料</td><td colspan="7"></td></tr>
<tr><td colspan="8">任务计划</td></tr>
<tr><td rowspan="8">任务实施时间节点</td><td colspan="3">情景实施步骤</td><td colspan="2">计划时间</td><td colspan="2">过程评估与分析</td></tr>
<tr><td colspan="3"></td><td colspan="2"></td><td colspan="2"></td></tr>
<tr><td colspan="3"></td><td colspan="2"></td><td colspan="2"></td></tr>
<tr><td colspan="3"></td><td colspan="2"></td><td colspan="2"></td></tr>
<tr><td colspan="3"></td><td colspan="2"></td><td colspan="2"></td></tr>
<tr><td colspan="3"></td><td colspan="2"></td><td colspan="2"></td></tr>
<tr><td colspan="3"></td><td colspan="2"></td><td colspan="2"></td></tr>
<tr><td colspan="3"></td><td colspan="2"></td><td colspan="2"></td></tr>
</table>

续表

<table>
<tr><td>问题
讨论</td><td colspan="2"></td></tr>
<tr><td rowspan="3">教师
评定</td><td>教师建议</td><td>成绩</td></tr>
<tr><td rowspan="2"></td><td>通过 □</td></tr>
<tr><td>暂缓通过 □</td></tr>
</table>

学习情景二　DSC－32 直流调压/调速装置参数指标及应用场所

情景导入

教师组织学生勘查 DSC－32 直流调压/调速装置结构及单元模块，熟悉元器件的位置及接线信号，使学生在进行工作任务前对 DSC－32 直流调压/调速装置有一个感性认识，激发学生学习的兴趣。

一、参数指标

1. DSC－32 直流调压/调速装置技术参数见表 1—2—1。

表 1—2—1　　DSC－32 直流调压/调速装置技术参数

<table>
<tr><th rowspan="2">规格</th><th colspan="3">额定交流输入</th><th colspan="2">直流输出</th><th rowspan="2">调速
范围</th><th rowspan="2">静差率</th><th colspan="2">励磁输出能力</th></tr>
<tr><th>相数</th><th>电压（V）</th><th>电流（A）</th><th>电压（V）</th><th>电流（A）</th><th>电压（V）</th><th>电流（A）</th></tr>
<tr><td>5/230</td><td>3N</td><td>380</td><td>3</td><td>0～230</td><td>5</td><td>10∶1</td><td>±5%</td><td>220</td><td>1</td></tr>
<tr><td>30/230</td><td>3N</td><td>380</td><td>14.5</td><td>0～230</td><td>30</td><td>10∶1</td><td>±5%</td><td>220</td><td>2</td></tr>
<tr><td>60/230</td><td>3N</td><td>380</td><td>29</td><td>0～230</td><td>60</td><td>10∶1</td><td>±5%</td><td>220</td><td>2</td></tr>
</table>

2. 启动性能：在安全工作区允许范围内可满负荷启动。加速电流允许整定在设备额定电流的 1.5 倍，启动过程平稳、无冲击。

3. 过载能力：允许短时输出 1.5 倍额定电流，持续时间不大于 1 min。

4. 额定运行方式：连续。

5. 电源：三相交流 380 V、50 Hz。

6. 总功率：1 kV · A。

7. 外形尺寸：70 cm × 60 cm × 185 cm。

8. 质量：75 kg。

二、结构认知

DSC－32 直流调压/调速实训装置可供直流电动机调速使用，也可作为可调直流电源使用。用晶闸管整流装置将交流电转换为可调直流电，供电动机电枢使用，且引入电压负反馈、电流截止负反馈、转速负反馈等，实现了电动机无级调速控制。主电路采用三相全控桥，设有过流及短路保护功能，保护电路发出指令，可自动切除主电路电源，同时故障指示灯点亮，直至操作人员切断控制装置电源，故障指示灯才可熄灭，提高了设备运行的安全性。

设备设有独立的励磁电源，可以向直流电动机提供励磁电流。

本装置采用柜式结构，柜内最下层安装整流变压器，其他部件由下而上分层安装于柜内的桁架式立柱上，柜体外形如图 1—2—1 所示，左前门为操作按钮及监控仪表。

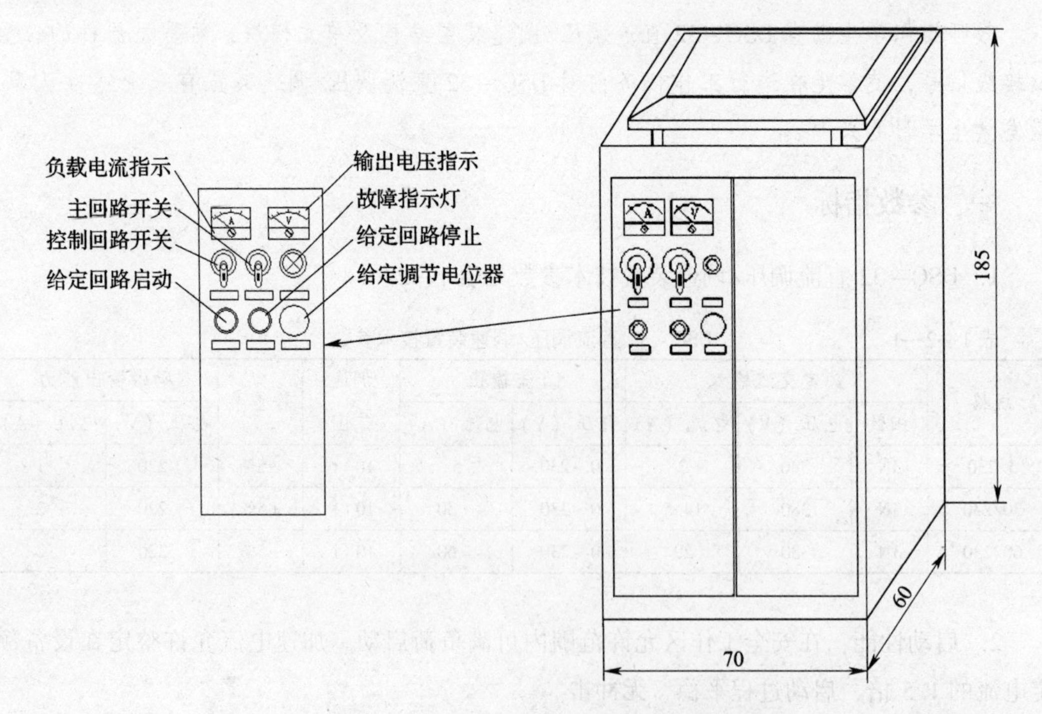

图 1—2—1 DSC－32 直流调压/调速装置外形

如图 1—2—2 所示为柜体结构图，图 1—2—2a 为前剖面图，上部分为控制板放大示意图，包括电源开关、电源板、调节板、触发板、隔离板及转速表。图 1—2—2b 为前剖面图及中间部分的继电线路配电盘放大示意图，具体器件见图。图 1—2—2c 所示的后剖面图为主电路结构图。学员根据实际柜体结合教师讲解熟悉柜体结构。

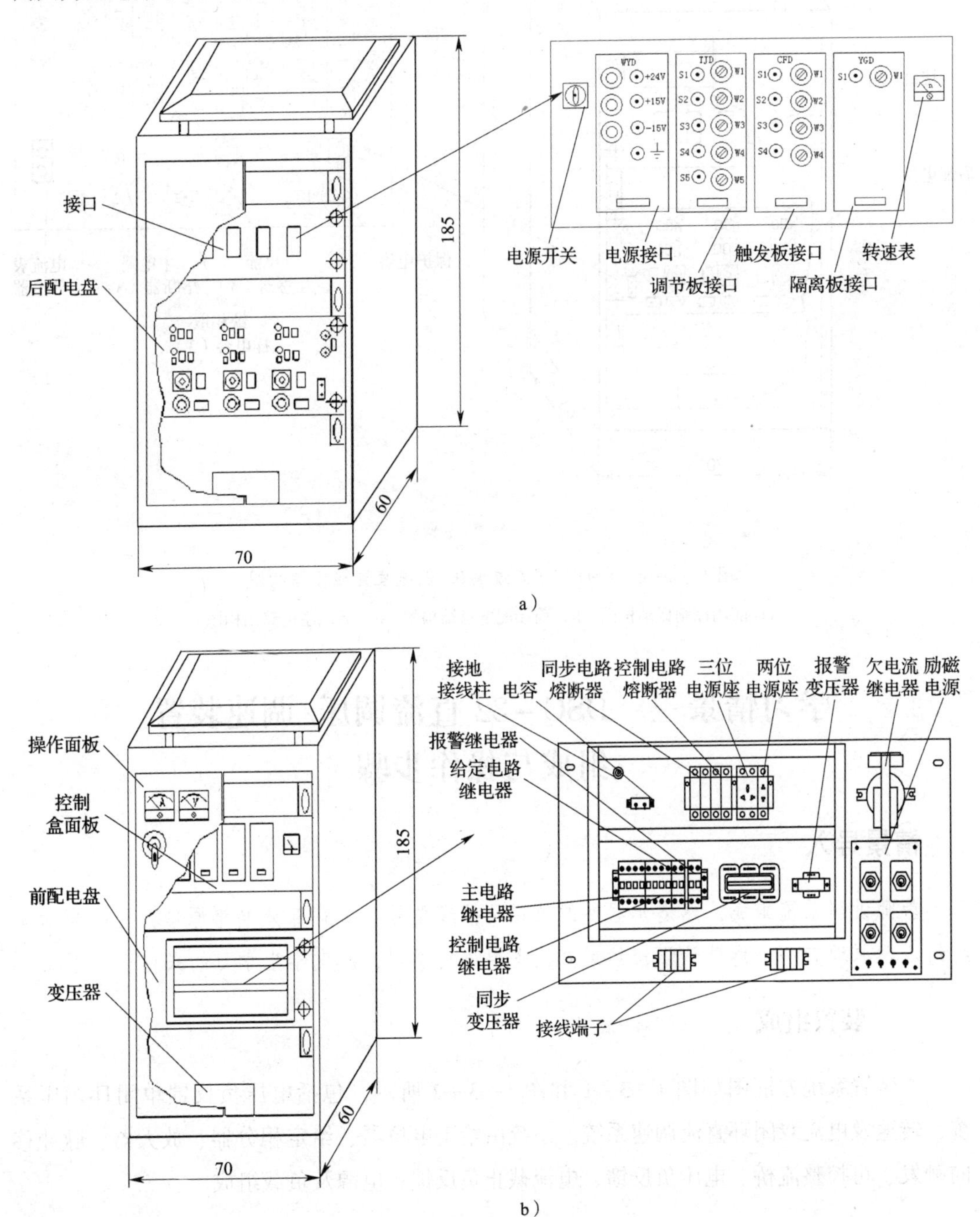

a）

b）

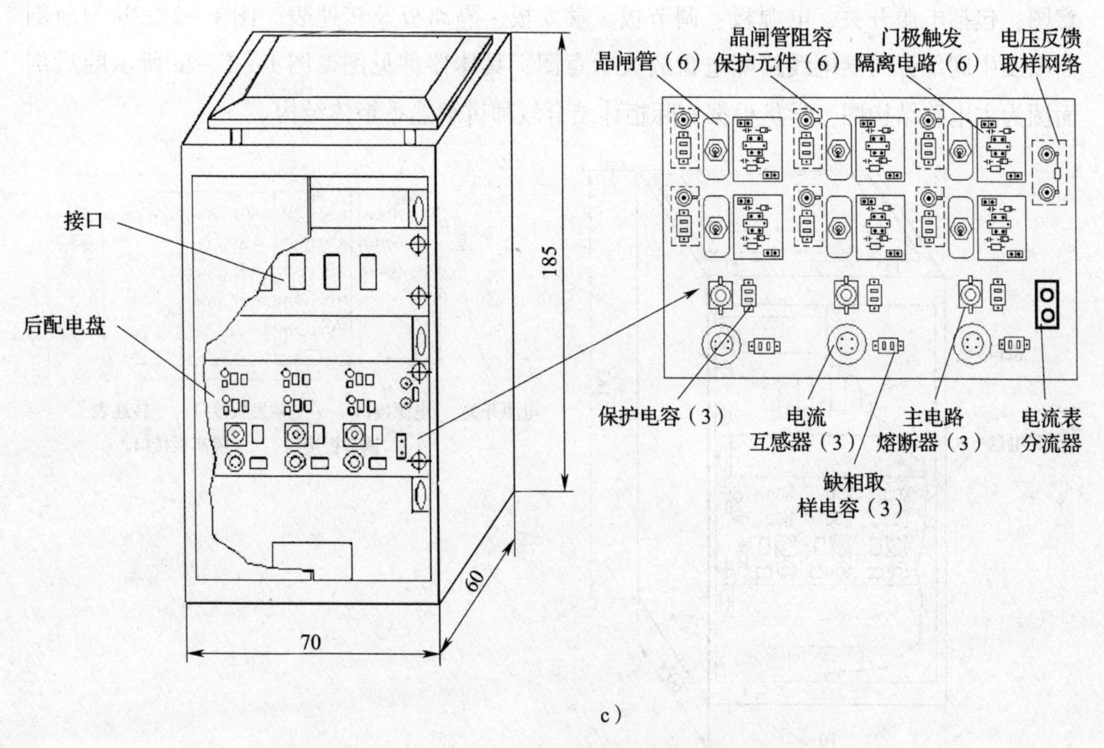

c）

图 1—2—2　DSC－32 直流调压/调速装置柜体结构图

a）前端控制板结构图　b）前端配电盘结构图　c）后端主电路结构图

学习情景三　DSC－32 直流调压/调速装置组成与操作步骤

情景导入

教师讲解系统组成，熟悉元器件的位置及接线型号，讲解部分电路原理，让学生对系统组成及原理有一个感性认识，然后查阅资料进行学习，激发学生学习的兴趣。

一、装置组成

本装置系统方框图如图 1—3—1 和图 1—3—2 所示，包括电压负反馈单闭环调压系统，转速及电流双闭环直流调速系统。系统由给定电位器、给定积分器、放大器、脉冲移向触发、可控整流桥、电压负反馈、电流截止负反馈、电源及负载组成。

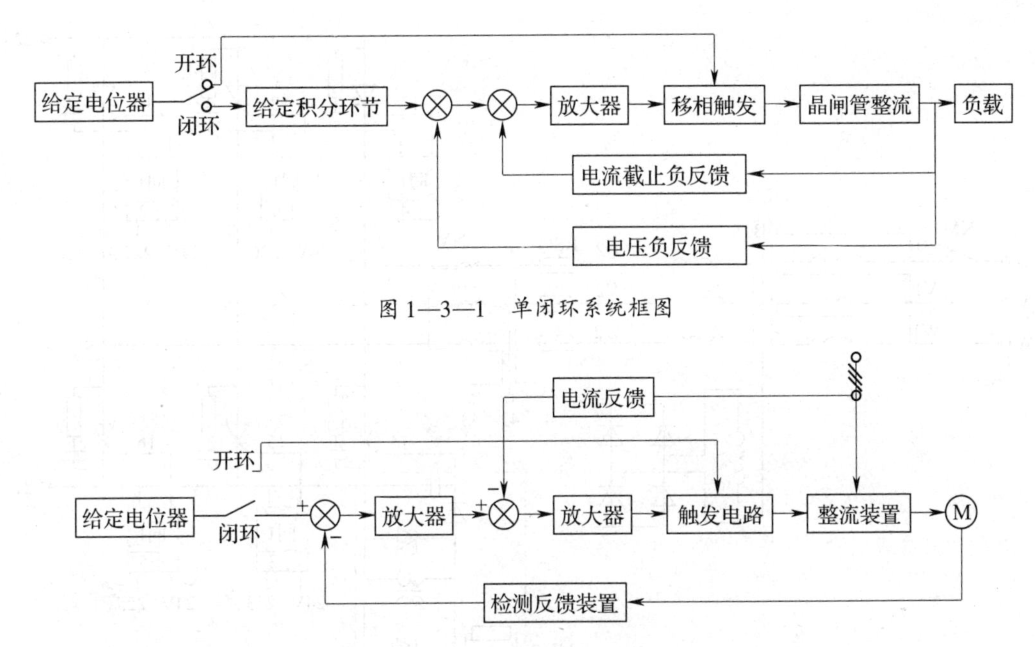

图 1—3—1　单闭环系统框图

图 1—3—2　双闭环系统框图

二、电路原理

电路原理图如图 1—3—3 所示，包括主电路、控制电路及保护电路。

1. 整流变压器

整流变压器用于电源电压的变换。为了减少对电网波形的影响，整流变压器接线采用△/Y0 - 11 方式。

2. 晶闸管可控整流电路

主电路采用三相桥式可控整流电路，三相交流电经交流接触器 KM1 引至整流变压器 B1 一次侧，经电压变换后经快速熔断器 RSO 引至三相桥式可控整流电路输入端，经三相桥式整流后，输出直流电源，向被控电动机电枢馈送电能。通过控制晶闸管整流元件的导通角度，就可以调节整流电路的输出直流电压。晶闸管可控整流电路图如图 1—3—4 所示。

3. 给定环节

由中间继电器 KA 控制的给定电源通过一个电阻 R112 加到控制盘上的给定电位器，旋转电位器可得到 0 ~ +10 V 的直流给定电压，供调节器使用。给定电路图如图 1—3—5 所示。

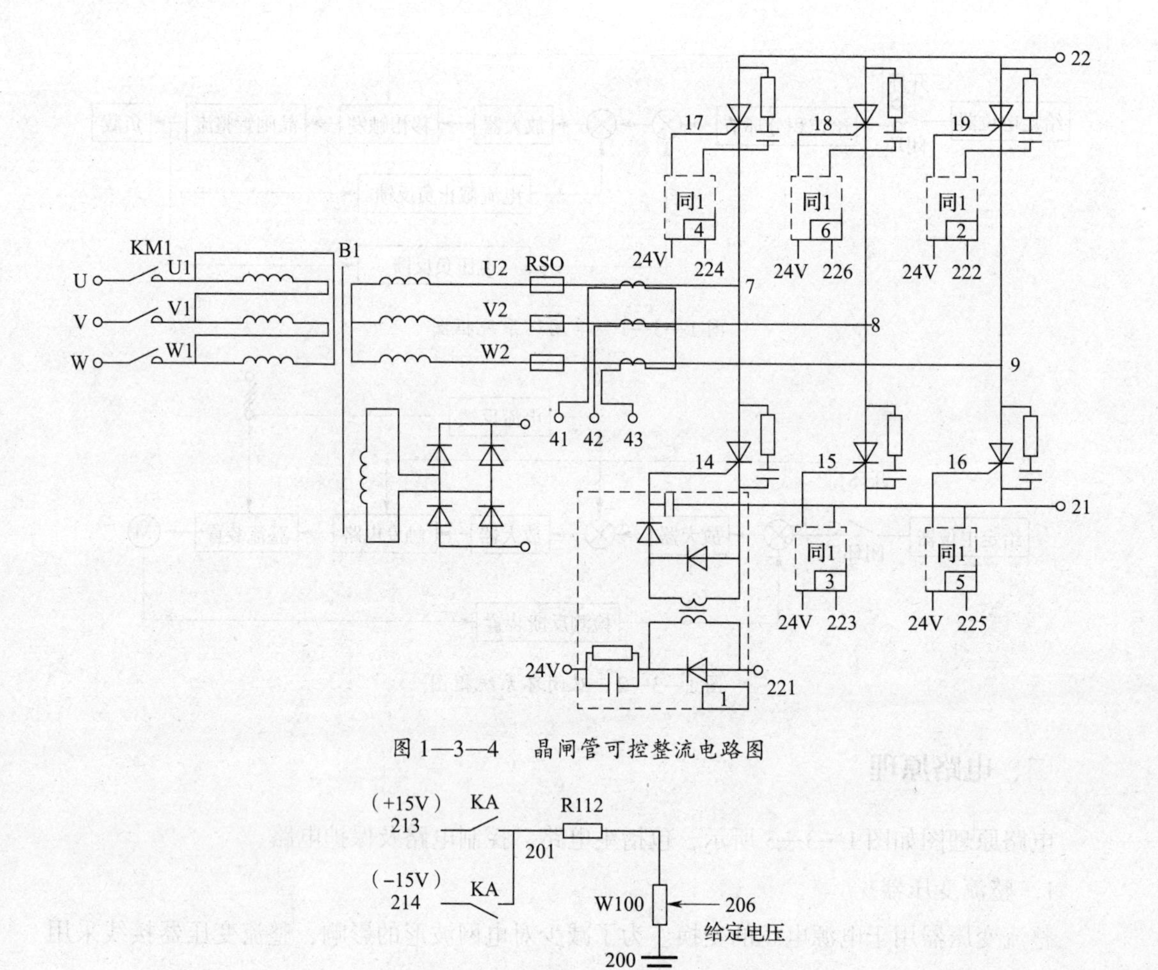

图 1—3—4　晶闸管可控整流电路图

图 1—3—5　给定电路图

4. 调节器

放大器回路是系统的控制核心，采用了高精度运算放大器 LM324 作为运算部件。详见后面内容。

5. 集成脉冲触发器

采用基于集成脉冲产生芯片 KJ004 作为系统的脉冲产生电路。该芯片性能稳定、可靠，移相范围宽，外围控制元件简单，是目前国内采用较多的晶闸管触发电路。详见后面内容。

6. 电压负反馈

采用并联反馈方式，电压、电流反馈量均与给定电压并联。从晶闸管输出端按一定比例反馈过来的直流电压，该电压经电压隔离器隔离后加到调节放大单元。由于给定电压和反馈电压是反极性连接，所以构成电压负反馈，加到运算放大器输入端的电压为给定电压与反馈电压的差值 ΔU，经过 PI 调节运算后，加到触发器的输入端，作为触发器的控制电压。电压负反馈线路原理如图 1—3—6 所示。

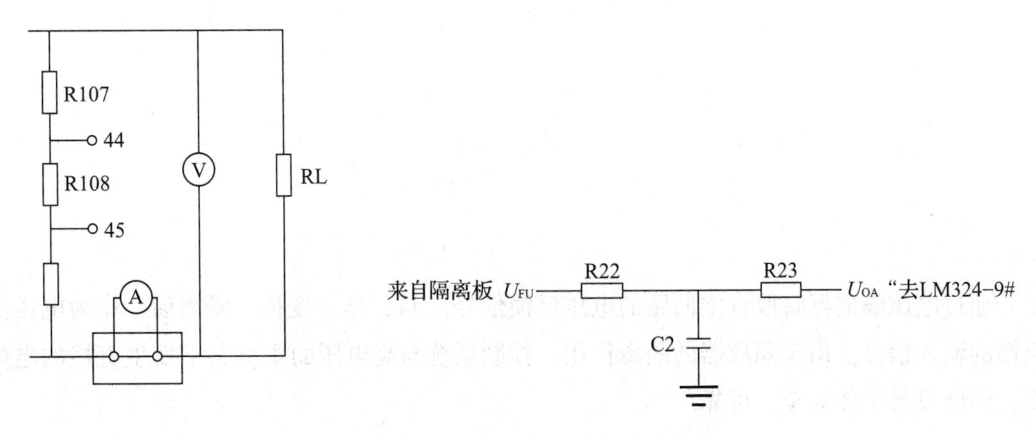

图 1—3—6　电压负反馈线路原理图

电压隔离器线路原理图如图 1—3—7 所示。试分析其工作原理。

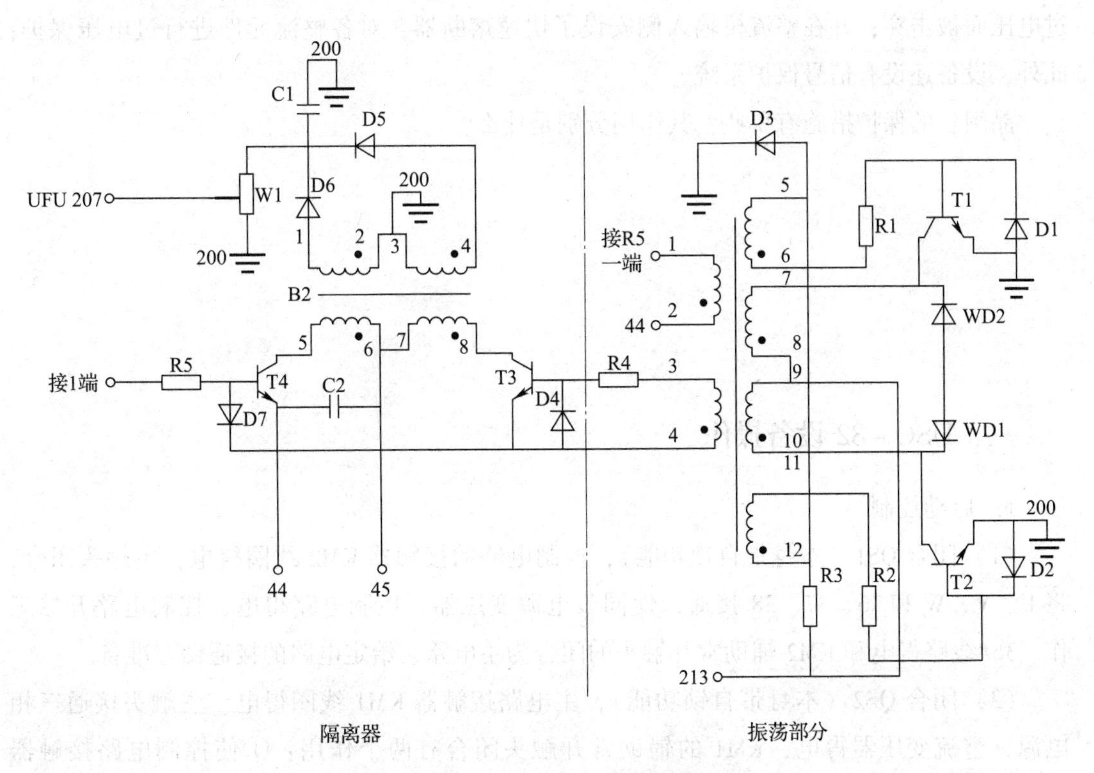

图 1—3—7　电压隔离器线路原理图

工作原理：

通过电压隔离器将取自主回路的电压反馈信号（44、45）变换、隔离后，作为电压负反馈的输入信号。由于隔离器的隔离作用，控制系统与高电压的主电路不发生直接的电联系，因此设备工作安全、可靠。

7. 保护系统

本装置在整流桥输入侧及整流桥晶闸管上安设了阻容吸收回路，防止整流元件因瞬时过电压而被击穿；并在整流桥输入侧安设了快速熔断器，对各整流元件进行过电压保护；此外，设备还设有信号保护系统。

晶闸管的保护措施有哪些？其作用分别是什么？

三、DSC－32 设备操作

1. 启动控制

（1）闭合 QS1（本身带自锁功能），控制电路的接触器 KM2 线圈得电，主触头闭合，将 U、V、W 和 36、37、38 接通，使同步电源变压器、控制电路得电，控制电路开始工作。36#线路得电和 KM2 辅助常开触头的闭合为主电路、给定电路的接通做好准备。

（2）闭合 QS2（本身带自锁功能），主电路接触器 KM1 线圈得电。主触头接通三相电源，整流变压器得电，KM1 的辅助常开触头闭合有两个作用：①使控制电路接触器 KM2 线圈始终接通，保证主电路得电时控制电路不能被切断；②为给定回路的接通做好准备。

（3）按下 SB2，KA 线圈得电且自锁，给定回路接通，启动完成。

2. 停止操作

先将给定电位器调到最小位置，然后按下 SB1，切断给定回路；再断开 QS2，切断主电路；最后断开 QS1，切断控制电路。

3. 调压操作

在设备连接电阻性负载时，首先将电阻性负载调整到阻值最大的状态，待设备启动完成后，调节给定电位器，观察电压指示表，其电压应该随着给定电位器的旋转而连续变化，范围应该为 0 ~ 220 V 平滑过渡，不发生跳变。

当调整给定电位器使设备的输出电压达到某一个数值（如 220 V）情况下，调整电阻性负载的阻值，由于此时电阻值只能朝减小的方向调整，故电流指示表的数值在上升，但是由于电路在闭环工作状态下，所以设备的电压输出应该几乎不变化。

继续减小电阻性负载的阻值，当电流指示表的数值达到设备设计的额定电流值的 1.25 倍左右，此时设备的过流保护电路应该工作，首先封锁输出，使输出电压降落到 0 V，延时 1 s 左右，报警指示灯点亮，同时主接触器 KM1 断开，DSC－32 直流调压/调速装置进入保护状态。

如果想使 DSC－32 直流调压/调速装置重新启动工作，需要将 DSC－32 直流调压/调速装置所有的开关和电源断开，并将电阻性负载的阻值加大（朝阻值加大的方向调整），然后按照启动次序重新启动设备。

4. 调速操作

在设备连接直流电动机—直流发电机机组负载时，首先将直流发电机外接的电阻性负载调整到阻值最大的状态，待设备启动完成后，调节给定电位器，观察电压指示表，其电压应该随着给定电位器的旋转而连续变化，范围应该为 0 ~ 220 V 平滑过渡，不发生跳变，同时直流电动机—直流发电机机组的转速也应该随着电压的升高和降低相应升高和降低。

学习情景四　计划与实施

情景导入

教师利用 PPT 讲解任务计划，学生分组完成任务计划。指导教师对学生小组任务计划进行检查及提出合理建议后，需要学生完善任务计划。指导教师根据实际需求讲解工程规范，组织学生按计划实施任务。

一、制订施工计划

小组查阅相关资料及 DSC－32 直流调压/调速装置说明书，了解任务的主要内容，结合实际工程规范，讨论并制订工作计划。

"DSC－32 直流调压/调速装置认知"工作计划

一、人员分工

1. 小组负责人：________

2. 小组成员及分工

姓名	分工

二、材料清单

1. 元器件及材料清单

序号	名称	型号	数量

2. 工具清单

序号	名称	型号规格	数量

三、工序及工期安排

序号	工作内容	完成时间	备注

四、安全防护措施

二、现场施工

1. 根据图样查找对应元器件的位置，完成表1—4—1。

表1—4—1　　元器件列表

元器件名称	所属单元电路	实物位置

2. 用万用表进行自检，完成以下任务。

（1）完成主电路线路检查，填写表1—4—2。

表1—4—2　　主电路线路检查

线号	输出器件	输入器件

续表

线号	输出器件	输入器件

（2）完成控制电路线路检查，填写表1—4—3。

表1—4—3　　　　控制电路线路检查

线号	输出器件	输入器件

续表

线号	输出器件	输入器件

（3）完成操作站线路检查，填写表 1—4—4。

表 1—4—4　　操作站线路检查

线号	输出器件	输入器件

续表

线号	输出器件	输入器件

3. 项目验收

在验收阶段，各小组安排代表交叉验收，在表1—4—5中填写验收记录。

表1—4—5　　DSC－32直流调压/调速装置认知验收记录

验收记录问题	检查措施	完成时间	备注

学习情景五　学习过程评价

情景导入

教师集中讲解评价标准，小组进行任务评价。

一、工作计划评价

以小组为单位展示本组制订的工作计划，然后在教师点评的基础上对工作计划进行修改完善，并根据表 1—5—1 所列评分标准进行评分。

表 1—5—1　　DSC－32 直流调压/调速装置认知工作计划评价表

评价内容	分值	评分		
		自我评价	小组评价	教师评价
计划制订是否有条理	10			
计划是否全面、完善	10			
人员分工是否合理	10			
任务要求是否明确	20			
工具清单是否正确、完整	20			
材料清单是否正确、完整	20			
团队协作	10			
合计	100			

或者学生单独设计评分标准：

二、施工评价

以小组为单位展示本组施工成果，根据表1—5—2所列评分标准进行评分。

表1—5—2　　DSC－32直流调压/调速装置认知施工评价表

评价内容		分值	评分		
			自我评价	小组评价	教师评价
安全操作	启动操作	20			
	停止操作				
系统认知	柜体认知	50			
	单元模块认知				
	参数测试				
安全文明生产	遵守安全文明生产规程	30			
	施工完成后认真清理现场				
施工额定用时：________ 实际用时：________ 超时扣分：________					
合计					

三、综合评价

按项目要求，根据表1—5—3所列评价表对各组工作任务进行综合评价。

表1—5—3　　DSC－32直流调压/调速装置认知综合评价表

评价项目	评价内容	评价标准	评价方式		
			自我评价	小组评价	教师评价
职业素养	安全意识、责任意识	A. 作风严谨，自觉遵章守纪，出色地完成工作任务 B. 能够遵守规章制度，较好地完成工作任务 C. 遵守规章制度，没完成工作任务；或完成工作任务，但忽视规章制度 D. 不遵守规章制度，没完成工作任务			

续表

评价项目	评价内容	评价标准	评价方式		
			自我评价	小组评价	教师评价
职业素养	学习态度主动性	A. 积极参与教学活动，全勤 B. 缺勤为总学时的10% C. 缺勤为总学时的20% D. 缺勤为总学时的30%			
	团队合作意识	A. 与同学协作融洽，团队合作意识强 B. 能与同学沟通，协同工作能力较强 C. 能与同学沟通，协同工作能力一般 D. 与同学沟通困难，协同工作能力较差			
专业能力	学习情景一	A. 按时、完整地完成工作页，问题回答正确 B. 按时、完整地完成工作页，问题回答基本正确 C. 未能按时完成工作页，或内容遗漏、错误较多 D. 未完成工作页			
	学习情景二	A. 学习情景评价成绩为90~100分 B. 学习情景评价成绩为75~89分 C. 学习情景评价成绩为60~74分 D. 学习情景评价成绩为0~59分			
	学习情景三	A. 学习情景评价成绩为90~100分 B. 学习情景评价成绩为75~89分 C. 学习情景评价成绩为60~74分 D. 学习情景评价成绩为0~59分			
	学习情景四	A. 学习情景评价成绩为90~100分 B. 学习情景评价成绩为75~89分 C. 学习情景评价成绩为60~74分 D. 学习情景评价成绩为0~59分			
创新能力		学习过程中提出具有创新性、可行性的建议	加分奖励：		
班级			学号		
姓名			综合评价等级		
指导教师			日期		

学习项目二　DSC－32 直流调压/调速装置主电路调试

实训目标

1. 能通过阅读实训任务联系单，明确实训任务要求。
2. 能正确识读电路原理图，明确其工作原理。
3. 熟悉主电路器件和线号及主电路调试方法。
4. 能按照安全操作管理规定清理施工现场。

实训学时

6 课时

实训流程

学习情景一　实训任务

学习情景二　主电路逻辑控制部分学习

学习情景三　主电路晶闸管整流桥部分学习

学习情景四　计划与实施

学习情景五　学习过程评价

学习情景一　实 训 任 务

情景导入

融入行动导向的职业教育理念，通过情景化的教学设计，使学生在完成DSC－32直流调压/调速装置主电路调试训练中，学习职业活动中所需的基本知识、专业技能，培养职业素养及综合分析问题、解决问题能力。

根据实训情景，明确实训任务的工作内容、时间要求及验收标准，并根据实际情况完成表2—1—1。

表2—1—1　＿＿＿＿＿＿＿＿项目联系单

项目名称			工　时	
实训地点			联系人	
安装人员			承接时间	年　月　日
实训目标	能力目标	(1) 熟悉柜体组成与结构 (2) 掌握主电路测量和调试方法 (3) 准确判断故障并排除	知识目标	(1) 了解DSC－32直流调压/调速装置主电路结构 (2) 掌握主电路工作原理

续表

	仪器设备	数量	主要工具	数量
工具器材准备				
引导资料				
任务计划				
任务实施时间节点	情景实施步骤	计划时间	过程评估与分析	

续表

	情景实施步骤	计划时间	过程评估与分析
任务实施时间节点			
问题讨论			
教师评定	教师建议		成绩
			通过 □
			暂缓通过 □

学习情景二　主电路逻辑控制部分学习

情景导入

教师组织学生勘查 DSC－32 直流调压/调速装置结构及操作过程，熟悉主电路逻辑控制部分结构及工作原理，示范并测试主电路参数。

一、主电路逻辑控制部分结构

打开柜体前门就可以看到主电路逻辑控制板，如图 2—2—1 所示。

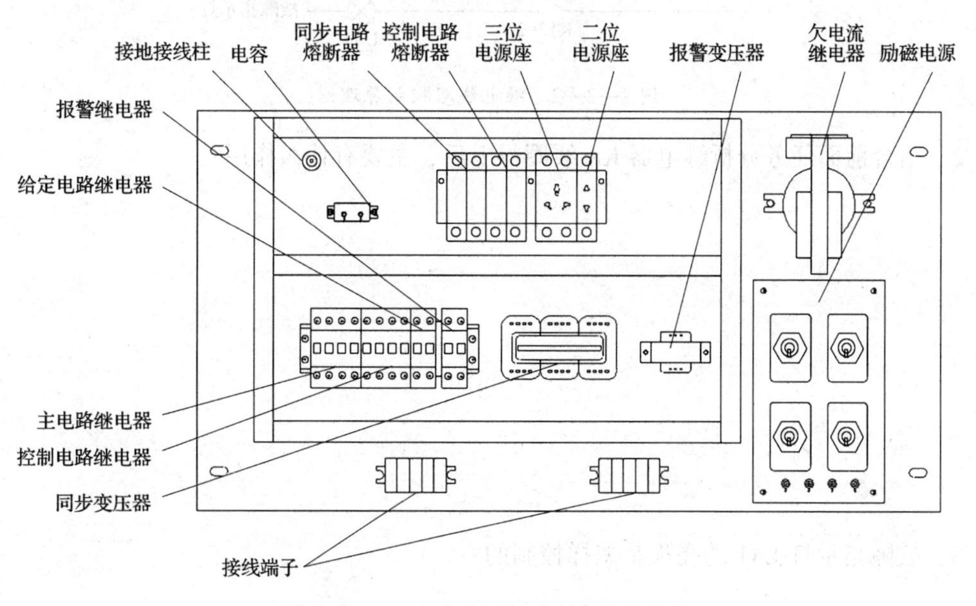

图 2—2—1　主电路逻辑控制部分结构图

二、主电路逻辑控制电路原理

DSC－32 直流调压/调速装置的主电路继电接触逻辑控制部分控制原理图如图 2—2—2 所示。

1．分析电路中接触器线圈 KM1 和 KM2 的动作原理。

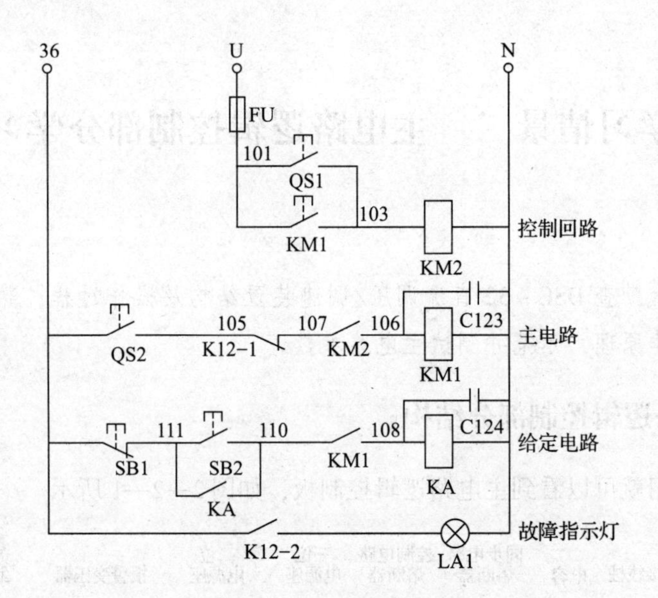

图 2—2—2　继电线路控制原理图

2．结合前面任务分析继电器 KA 线圈得电后，主要有什么作用？

3．故障指示灯 LA1 的亮灭是怎样控制的？

三、主电路逻辑控制部分电路故障分析

1. 接触器 KM2 线圈不得电由哪些原因造成？

2. 继电器 KA 不自锁的原因是什么？

3. 接触器 KM1 线圈不得电的原因有哪些？

学习情景三　主电路晶闸管整流桥部分学习

情景导入

教师组织学生勘查 DSC－32 直流调压/调速装置结构及操作过程，熟悉主电路晶闸管整流桥部分结构及工作原理，示范并测试主电路参数。

一、主电路结构

打开柜体后门就可以看到主电路板，如图 2—3—1 所示。

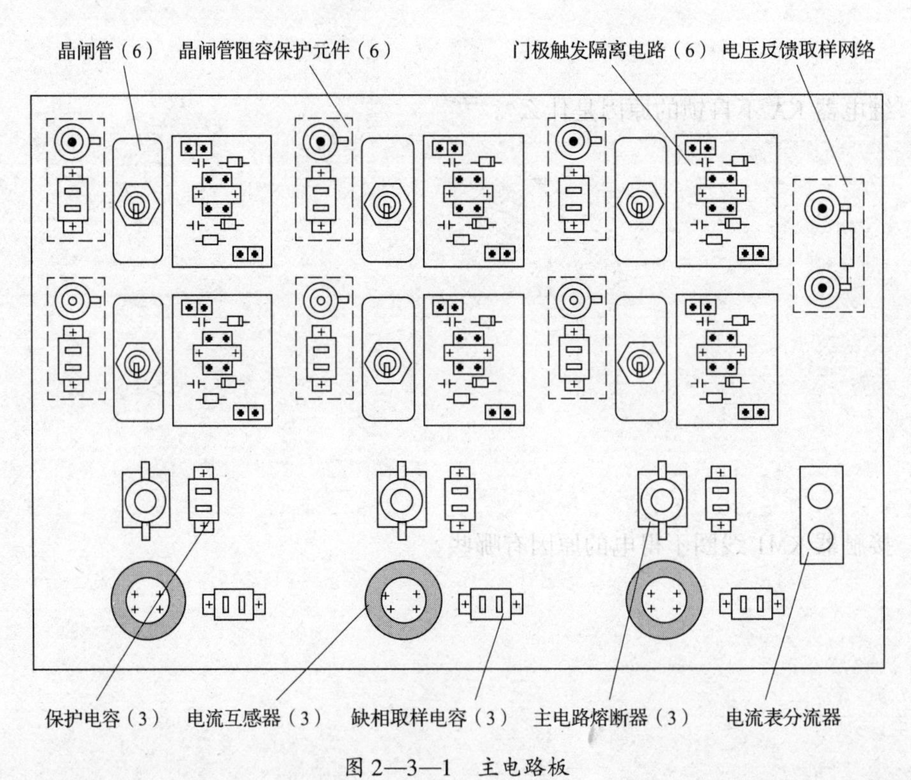

图 2—3—1　主电路板

二、主电路原理

1. 电路分析

主电路原理图如图 2—3—2 所示。整流变压器用于电源电压的变换，为了减少对电网波形的影响，整流变压器接线采用△/Y 0－11 方式。

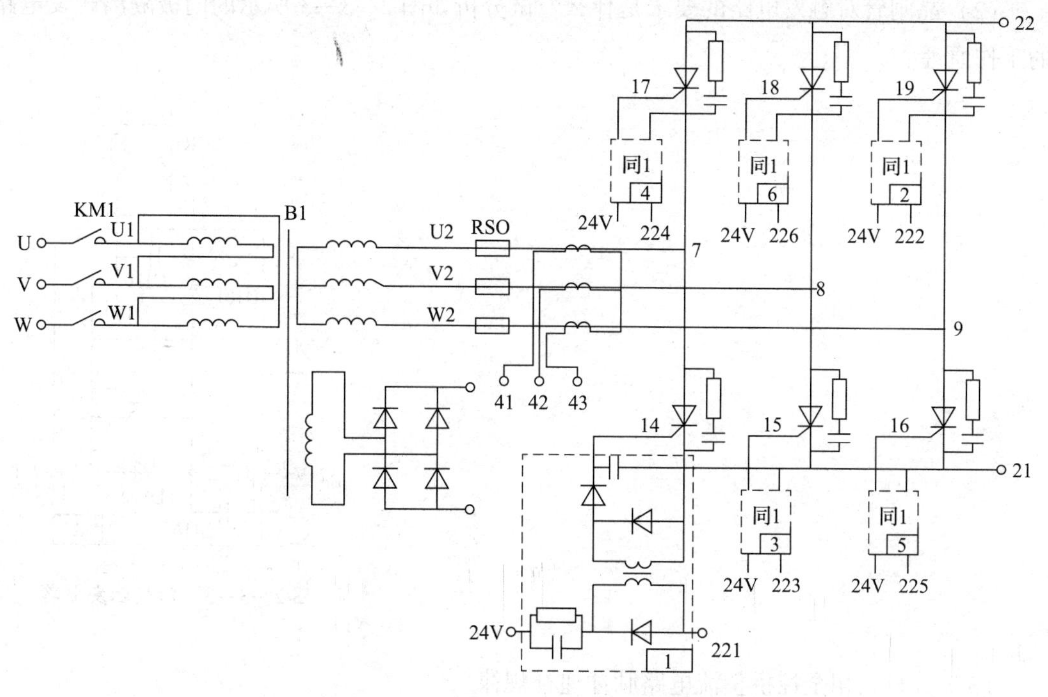

图 2—3—2　晶闸管可控整流电路图

主电路采用三相桥式可控整流电路，三相交流电经交流接触器 KM1 引至整流变压器 B1 一次侧，经电压变换后经快速熔断器 RSO 引至三相桥式可控整流电路，经整流后，输出直流电源，向被控直流电动机电枢馈送电能。通过控制晶闸管整流元件的导通角度，就可以调节整流电路的输出直流电压。

2. 具体工作原理分析

（1）整流变压器为什么采用△/Y0－11 联结方式？

（2）晶闸管对触发电路的要求是什么？试分析如图 2—3—3 所示的门极隔离触发电路的工作原理。

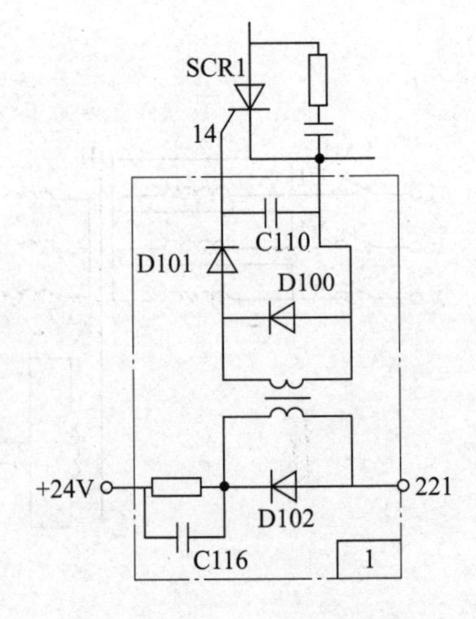

图 2—3—3　门极触发电路

（3）分析三相全控桥整流电路脉冲递补规律。

（4）画出触发角为60°时，对应负载两端及晶闸管 T1 两端波形。计算此时负载输出电压值并与实际测量值进行比较。

三、主电路故障原因

1. U、V、W 相间电压不到 380 V 的原因是什么？

2. 接触器 KM1 主触头不吸合的原因是什么？与逻辑控制电路部分的关系是什么？

3. 触发电路没有 +24 V 信号的原因是什么？

学习情景四　计划与实施

情景导入

教师讲解系统组成，熟悉主电路元器件及电路原理，掌握调试方法及数据测试方法。

一、制订施工计划

查阅及检索相关资料，结合实际电路，小组讨论并制订 DSC－32 调压/调速装置主电路调试任务的工作计划。

“DSC－32 调压/调速装置主电路调试”工作计划

一、人员分工

1. 小组负责人：________

2. 小组成员及分工

姓名	分工

二、材料清单

1. 元器件及材料清单

序号	名称	型号	数量

2. 工具清单

序号	名称	型号规格	数量

三、工序及工期安排

序号	工作内容	完成时间	备注

四、安全防护措施

二、现场施工

1．主电路检测

接通柜门标有“主电路接通”的主令开关 QS2，主接触器 KM1 线圈得电，常开触点闭合，整流变压器 B1 得电，并将三相交流电送至整流桥输入端，同时辅助励磁电源得电。此时应检查整流变压器的输入端电压是否缺相，整流变压器的二次线电压是否为 215 V，输入辅助励磁电源的电压是否能达到交流 245 V，辅助励磁电源的输出电压是否达到直流 220 V。另外，还应该检查缺相检测电路的变压器的输出电压，看其是否小于 10 V。指出如图 2—4—1 所示主电路实物图对应原理图的器件名称及位置。测试数据填入表 2—4—1 中。

图 2—4—1　主电路实物图

表 2—4—1　　主电路实际测试数据

名称	被测对象	标称值（V）	实际值（V）	备注
一次侧测量	U1　V1 间电压			
	U1　W1 间电压			
	V1　W1 间电压			
二次侧测量	U2　V2 间电压			
	U2　W2 间电压			
	V2　W2 间电压			

2. 缺相保护验证

完成以上检测工作后，人为地断开一个快速熔断器，启动控制电路接通接触器 KM2，启动主电路接通接触器 KM1，然后检查缺相检测电路的变压器输出电压，看其是否大于 10 V。如果没有问题，断开电源，装好快速熔断器，准备进行下一项工作。

3. 完成故障分析与模拟训练，填写表 2—4—2。

表 2—4—2　　故障训练

模拟故障	现象	原因
KM1 主触头 U1 线号断开		
主变压器二次侧 U 相断开		
其中一相快速熔断器断开		

4. 绘制主电路器件位置图与实际接线图。

(1) 位置图。

（2）接线图。

5. 根据教学演示与讲解，叙述装置的调试步骤。

三、项目验收

各小组安排代表交叉验收，在表2—4—3中填写验收记录。

表2—4—3　　DSC－32调压/调速装置主电路调试验收记录

验收记录问题	测试措施	完成时间	备注

学习情景五　学习过程评价

情景导入

教师集中讲解评价标准，小组进行任务评价。

一、工作计划评价

以小组为单位展示本组制订的工作计划，然后在教师点评的基础上对工作计划进行修改完善，并根据表 2—5—1 所列评分标准进行评分。

表 2—5—1　　DSC－32 调压/调速装置主电路调试工作计划评价表

评价内容	分值	评分		
		自我评价	小组评价	教师评价
计划制订是否有条理	10			
计划是否全面、完善	10			
人员分工是否合理	10			
任务要求是否明确	20			
工具清单是否正确、完整	20			
材料清单是否正确、完整	20			
团队协作	10			
合计	100			

二、施工评价

以小组为单位展示本组施工成果，根据表 2—5—2 所列评分标准进行评分。

表 2—5—2　　DSC－32 调压/调速装置主电路调试施工评价表

评价内容		分值	评分		
			自我评价	小组评价	教师评价
故障分析	故障分析思路清晰	20			
	准确标出最小故障范围				

续表

评价内容		分值	评分		
			自我评价	小组评价	教师评价
故障排除	用正确的方法排除故障点	50			
	检修中不扩大故障范围或产生新的故障，一旦发生，能及时自行修复				
	调试步骤正确、完整				
安全文明生产	遵守安全文明生产规程	30			
	施工完成后认真清理现场				
施工额定用时：________ 实际用时：________ 超时扣分：________					
合计					

三、综合评价

按项目要求，根据表2—5—3所列评价表对各组工作任务进行综合评价。

表2—5—3　　DSC－32调压/调速装置主电路调试综合评价表

评价项目	评价内容	评价标准	评价方式		
			自我评价	小组评价	教师评价
职业素养	安全意识、责任意识	A. 作风严谨，自觉遵章守纪，出色地完成工作任务 B. 能够遵守规章制度，较好地完成工作任务 C. 遵守规章制度，没完成工作任务；或完成工作任务，但忽视规章制度 D. 不遵守规章制度，没完成工作任务			
职业素养	学习态度主动性	A. 积极参与教学活动，全勤 B. 缺勤为总学时的10% C. 缺勤为总学时的20% D. 缺勤为总学时的30%			

续表

评价项目	评价内容	评价标准	评价方式		
			自我评价	小组评价	教师评价
职业素养	团队合作意识	A. 与同学协作融洽，团队合作意识强 B. 能与同学沟通，协同工作能力较强 C. 能与同学沟通，协同工作能力一般 D. 与同学沟通困难，协同工作能力较差			
专业能力	学习情景一	A. 按时、完整地完成工作页，问题回答正确 B. 按时、完整地完成工作页，问题回答基本正确 C. 未能按时完成工作页，或内容遗漏、错误较多 D. 未完成工作页			
	学习情景二	A. 学习情景评价成绩为 90 ~ 100 分 B. 学习情景评价成绩为 75 ~ 89 分 C. 学习情景评价成绩为 60 ~ 74 分 D. 学习情景评价成绩为 0 ~ 59 分			
	学习情景三	A. 学习情景评价成绩为 90 ~ 100 分 B. 学习情景评价成绩为 75 ~ 89 分 C. 学习情景评价成绩为 60 ~ 74 分 D. 学习情景评价成绩为 0 ~ 59 分			
	学习情景四	A. 学习情景评价成绩为 90 ~ 100 分 B. 学习情景评价成绩为 75 ~ 89 分 C. 学习情景评价成绩为 60 ~ 74 分 D. 学习情景评价成绩为 0 ~ 59 分			
创新能力		学习过程中提出具有创新性、可行性的建议	加分奖励：		

班级		学号	
姓名		综合评价等级	
指导教师		日期	

学习项目三　DSC－32 直流调压/调速装置开环系统调试与检修

实训目标

1. 能通过阅读实训任务联系单，明确实训任务要求。
2. 能正确识读电路原理图。
3. 掌握触发板电路的工作原理及调试与检修方法。
4. 能按照安全操作管理规定清理施工现场。

实训学时

8 课时

实训流程

学习情景一　实训任务

学习情景二　单元电路认知学习

学习情景三　计划与实施

学习情景四　学习过程评价

学习情景一 实 训 任 务

情景导入

融入行动导向的职业教育理念，通过情景化的教学设计，使学生在完成直流调速/调速装置开环系统调试与检修训练中，学习晶闸管触发电路基本知识、系统调试与检修专业技能，培养职业素养及综合分析问题、解决问题能力。

根据实训情景，明确任务的工作内容、时间要求及验收标准，并根据实际情况完成表3—1—1。

表3—1—1 ______________ 项目联系单

<table>
<tr><td colspan="2">项目名称</td><td colspan="3"></td><td>工时</td><td></td></tr>
<tr><td colspan="2">实训地点</td><td colspan="3"></td><td>联系人</td><td></td></tr>
<tr><td colspan="2">安装人员</td><td colspan="3"></td><td>承接时间</td><td>年 月 日</td></tr>
<tr><td>实训目标</td><td>能力目标</td><td colspan="2">（1）熟悉开环单元触发电路原理
（2）掌握触发电路测量和调试方法
（3）准确判断故障并排除</td><td>知识目标</td><td colspan="2">（1）了解 DSC－32 调压/调速装置触发电路结构
（2）掌握触发板电路工作原理</td></tr>
<tr><td rowspan="3">工具器材准备</td><td colspan="2">仪器设备</td><td>数量</td><td colspan="2">主要工具</td><td>数量</td></tr>
<tr><td colspan="2"></td><td></td><td colspan="2"></td><td></td></tr>
<tr><td colspan="2"></td><td></td><td colspan="2"></td><td></td></tr>
</table>

续表

<table>
<tr><td rowspan="16">工具器材准备</td><td colspan="2">仪器设备</td><td>数量</td><td colspan="2">主要工具</td><td>数量</td></tr>
<tr><td colspan="2"></td><td></td><td colspan="2"></td><td></td></tr>
<tr><td colspan="2"></td><td></td><td colspan="2"></td><td></td></tr>
<tr><td colspan="2"></td><td></td><td colspan="2"></td><td></td></tr>
<tr><td colspan="2"></td><td></td><td colspan="2"></td><td></td></tr>
<tr><td colspan="2"></td><td></td><td colspan="2"></td><td></td></tr>
<tr><td colspan="2"></td><td></td><td colspan="2"></td><td></td></tr>
<tr><td colspan="2"></td><td></td><td colspan="2"></td><td></td></tr>
<tr><td colspan="2"></td><td></td><td colspan="2"></td><td></td></tr>
<tr><td colspan="2"></td><td></td><td colspan="2"></td><td></td></tr>
<tr><td colspan="2"></td><td></td><td colspan="2"></td><td></td></tr>
<tr><td colspan="2"></td><td></td><td colspan="2"></td><td></td></tr>
<tr><td colspan="2"></td><td></td><td colspan="2"></td><td></td></tr>
<tr><td colspan="2"></td><td></td><td colspan="2"></td><td></td></tr>
<tr><td colspan="2"></td><td></td><td colspan="2"></td><td></td></tr>
<tr><td colspan="2"></td><td></td><td colspan="2"></td><td></td></tr>
<tr><td>引导资料</td><td colspan="6"></td></tr>
<tr><td colspan="7">任务计划</td></tr>
<tr><td rowspan="3">任务实施时间节点</td><td colspan="2">情景实施步骤</td><td colspan="2">计划时间</td><td colspan="2">过程评估与分析</td></tr>
<tr><td colspan="2"></td><td colspan="2"></td><td colspan="2"></td></tr>
<tr><td colspan="2"></td><td colspan="2"></td><td colspan="2"></td></tr>
</table>

续表

任务实施时间节点	情景实施步骤	计划时间	过程评估与分析
问题讨论			
教师评定	教师建议		成绩
			通过 □
			暂缓通过 □

学习情景二　单元电路认知学习

情景导入

教师组织学生勘查 DSC－32 直流调压/调速装置结构及操作过程，熟悉开环系统电路结构及工作原理，示范系统调试及检修方法，学生进行任务训练。

一、电源板认知

指出如图 3—2—1 电源板原理图中器件对应如图 3—2—2 所示电源板（WYD）实物中的位置，并分析电路工作原理。

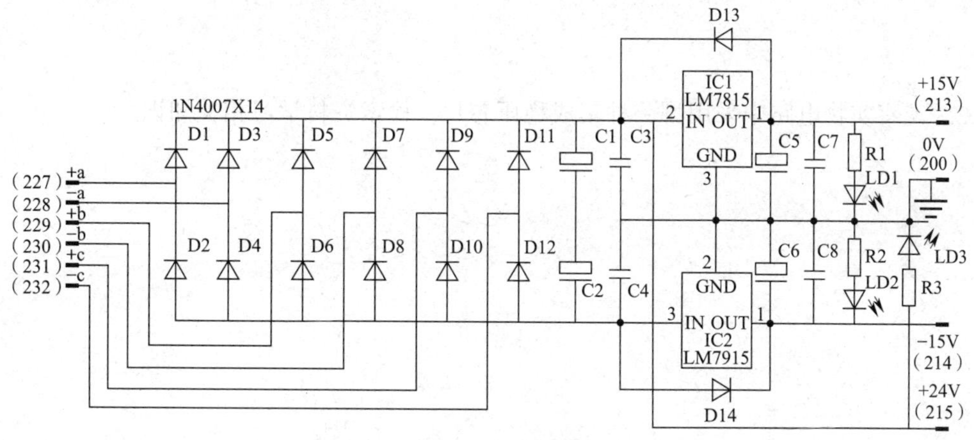

图 3—2—1　电源板原理图

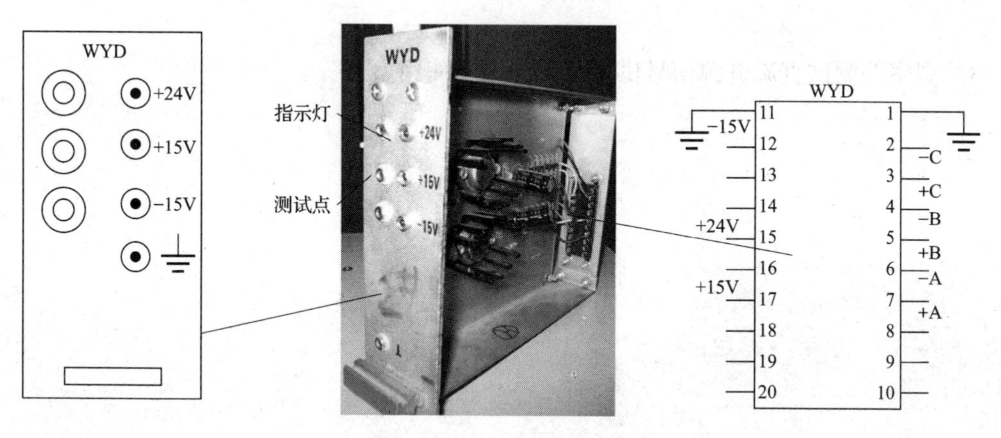

图 3—2—2　电源板实物图

前面板的各测试点的含义如下：

S1：+24 V测试点。

S2：+15 V测试点。

S3：−15 V测试点。

S4：参考电位测试点。

1. 根据电源板原理图，分析该直流稳压电源的组成及输出直流+24 V的原理。

2. 观察实物电路中采用哪一种集成稳压芯片？检索资料学习相关知识。

3. 观察并测试直流电源信号供哪几部分电路使用。

二、触发板认知

指出如图 3—2—3 所示触发板电路原理图中器件对应如图 3—2—4 所示触发板（CFD）实物图中的位置。

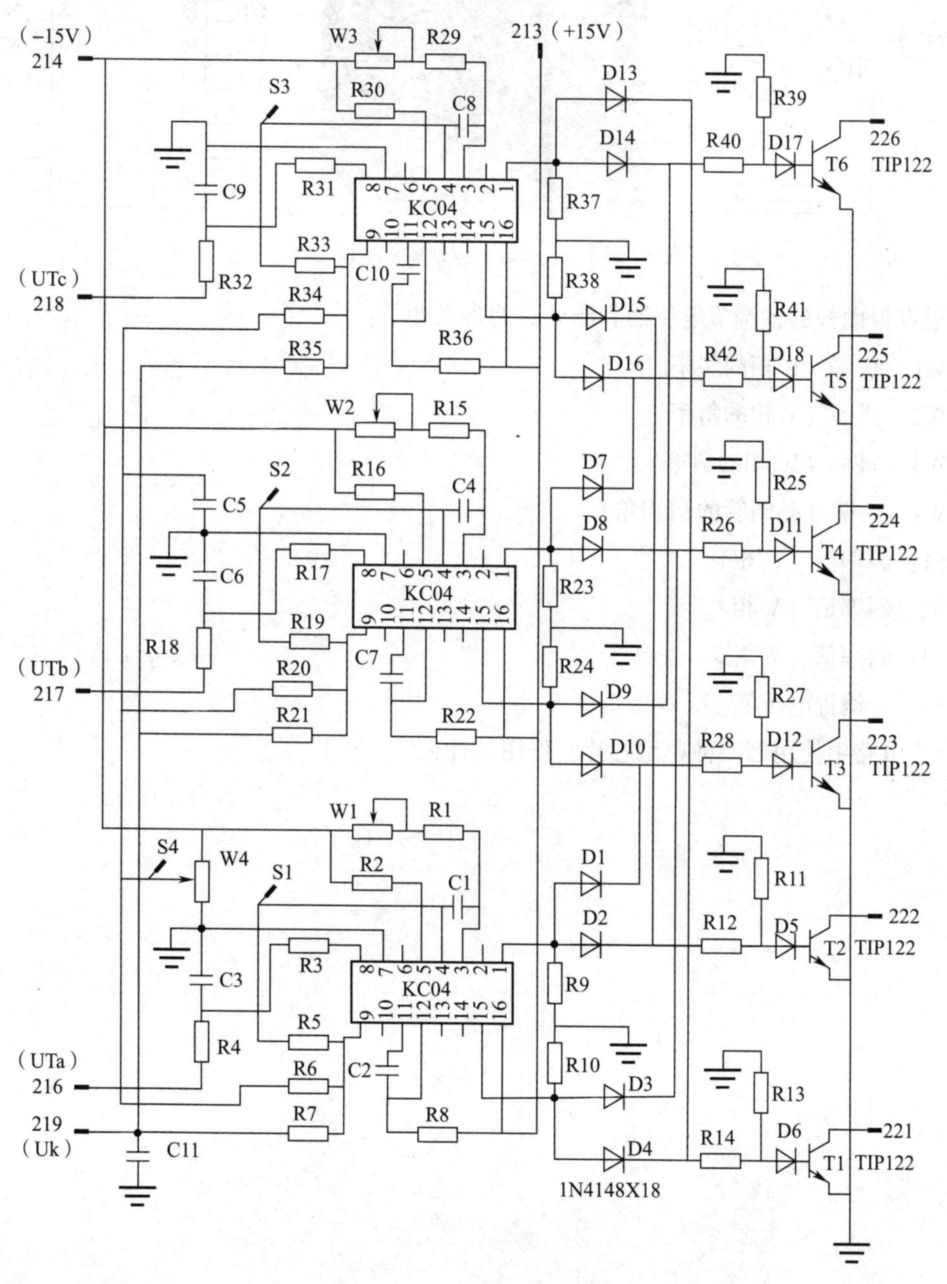

图 3—2—3　触发板电路原理图

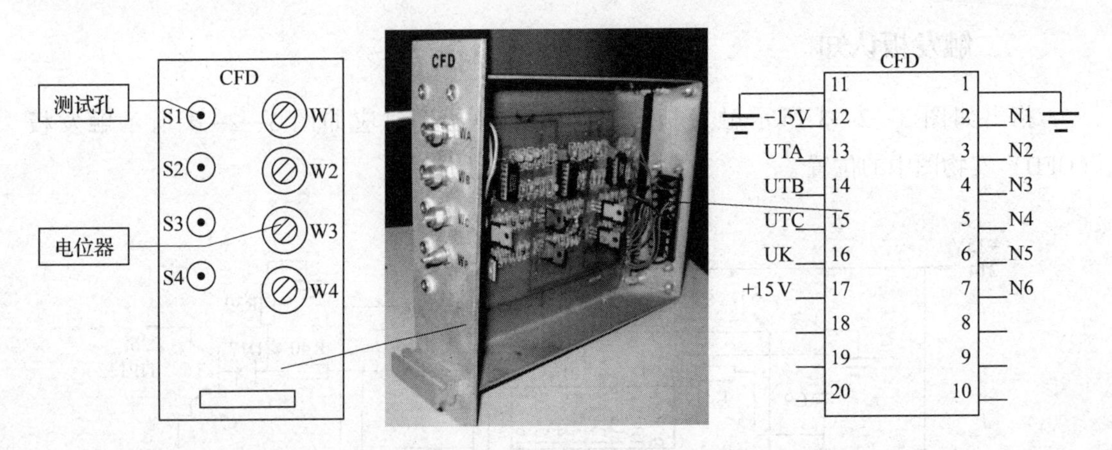

图 3—2—4　触发板实物图

触发板面板的各调节电位器和测试点的含义如下：

W1：斜率（U 相的斜率）。

W2：斜率（V 相的斜率）。

W3：斜率（W 相的斜率）。

W4：U 偏（晶闸管的初相角）。

S1：斜率值（U 相）。

S2：斜率值（V 相）。

S3：斜率值（W 相）。

S4：U 偏置电压值。

1．电路中使用哪一种典型芯片？作用是什么？

2．画出图 3—2—3 中典型芯片的管脚图，说明各管脚的功能。

3．绘制其中一相简化的 KJ004 触发电路，分析电路工作原理。

4．运用图表说明触发板脉冲分配原则。

学习情景三　计划与实施

情景导入

教师讲解系统组成，熟悉触发电路元器件及电路原理，掌握调试方法及数据测试方法。

一、制订施工计划

查阅相关资料，了解任务实施的基本步骤，结合实际情况，小组讨论并制订工作计划。

"DSC－32 调压/调速装置开环系统调试与检修"工作计划

一、人员分工

1. 小组负责人：____________

2. 小组成员及分工

姓名	分工

二、材料清单

1. 元器件及材料清单

序号	名称	型号	数量

2. 工具清单

序号	名称	型号规格	数量

三、工序及工期安排

序号	工作内容	完成时间	备注

四、安全防护措施

二、现场施工

1. 绘制信号板互联图

2. 电源板测试

插入电源板（WYD），然后启动控制电路，接通接触器 KM2，检查电源板的输出电压，测量各输出点电压是否正确，即有无 +24 V、+15 V、-15 V 电压输出；并检查以上输出接线是否完整，前面板的三个指示灯应正常发亮。将实际测试数据填入表 3—3—1 中。

表 3—3—1　　电源板测试数据（参考点为 200 号线）

名称	被测对象	实际值（V）	对应装置管脚号	信号标号去向及作用
输入电源电压测试	A+　A-间电压			
	B+　B-间电压			
	C+　C-间电压			
输出电源电压测试	+24 V			
	+15 V			
	-15 V			

3. 给定信号检查

首先将调节板（TJB）中的跳线选择为开环控制方式，调整 W5 电位器为中间位置，W4 电位器为最小位置，然后将调节板（TJB）插到 DSC-3 型直流调压柜对应位置上。按顺序启动控制电路接通接触器 KM2、主电路接通接触器 KM1 和给定接通继电器 KA，用万用表检查柜门上安装的给定电位器中心抽头对 200 号线的电压，同时调节电位器，看其是否能在 0~10 V 范围内连续平滑可调。然后检查给定电位器中心抽头的电压与触发板（CFD）上的 U_k 电压值是否一样。如果不一样，说明电路中存在断线，需要进行检查排除。如果通电系统就报警，说明保护电路出现了故障，需要检查滞环电压比较器与双 D 触发器及其周围相关器件。测试相关数据，填入表 3—3—2 中。

表 3—3—2　　给定信号检查测试数据（参考点为 200 号线）

名称	最小测量值（V）	最大测量值（V）	调节范围	信号标号去向及作用
给定电压				

4. 触发板测试

（1）三相平衡调节。将触发板（CFD）插到 DSC－32 型直流调压柜对应位置上，启动 KM2，调节 CFD（触发板）上的 W1、W2 和 W3 电位器，保证三相电压平衡。此时按以下三种方法调节检测，将测试数据填入表 3—3—3 中。

表 3—3—3　　三相平衡调节测试数据（参考点为 200 号线）

名称	被测对象	实际值（V）	对应芯片或者 CFD 的管脚号	信号标号去向及作用
同步电压测试	U_{TA}			
	U_{TB}			
	U_{TC}			
三相平衡电压调节	WA			
	WB			
	WC			
偏置电压调节	WP			

1）调节时可以用双踪示波器观测任意两相锯齿波的斜率，调节 WA、WB 和 WC 电位器，使其斜率相等即可，前提是必须将示波器的两踪信号电压增益调为一致（挡位相同，且都处于校准位置）。

2）使用万用表检测锯齿波斜率测试点的直流电压值，调节 W1、W2 和 W3 电位器，使三相锯齿波测试点的直流电压值相等，因为触发电路选择的是 KC04 集成触发电路，所以此时脉冲一定是对称的。

（2）脉冲初相角调节。此时 $U_g = U_k = 0$ V，调节偏置电位器 Wp，改变偏置电压值的大小。偏置电压减小，脉冲就会往 α 角增大的方向移动；偏置电压增大，脉冲就会往 α 角减小的方向移动。对于不同的主电路，所需要的脉冲初始相位角并不一样，三相全控桥式调压柜电阻性负载时，其触发角 α 移相范围应为 0°～120°，所以需要调节偏置电压，使脉冲的初始位置在 $\alpha = 120°$ 或更大的位置上，此时主电路的输出电压应该为零。调节电位器 Wp 即改变 U_p 的值，当三相全控桥为电感性负载时，令 $U_p = -4.5$ V（初始角近似为 90°）；当三相全控桥为电阻性负载时，令 $U_p = -9.6$ V（初始角近似为 120°），用示波器观察，应有输出脉冲。对于实际系统，最简单的办法是在给定为 0 的情况下，利用万用表监测整流装置的输出电压，首先增大 U_p，直至整流装置有电压输出，然后减小 U_p，使直流装置直流电压输出恰好为零，此时的脉冲位置即为初始相位角位置。将测量数据填入表 3—3—4 中。

表 3—3—4　　脉冲初相角调节测试数据（参考点为 200 号线）

名称	被测对象	实际值（V）	对应 CFD 的管脚号	信号标号去向及作用
脉冲输出	T1			
	T2			
	T3			
	T4			
	T5			
	T6			

5. 主电路负载输出电压波形调整

缓慢增加给定电压 U_g，此时脉冲应该向 α 角减小的方向移动，主电路直流输出电压会缓慢上升。当增加 U_g 到一定电压值时，α 触发角等于 0°，此时所有的晶闸管全部完全导通，相当于六个二极管整流，输出直流电压应约 300 V，使用示波器观察主电路输出直流电压，波形应该完整，无缺相现象。如果给定电压达到最大，输出直流电压还是达不到最大输出值，应该检测 U_g 的幅值是否足够，U_p 的幅值是否合理，锯齿波的斜率是否太小，与 U_k、U_p 相连的电阻阻值是否改变等。

如果通过以上检测系统正常，系统的开环调试工作就已经完成了，可以断开 KA、KM1、KM2，准备进行下一项工作。

画出不同触发角时负载输出的电压波形。

6. 故障分析与训练

同组学生在DSC－32直流调压/调速实训装置上设置表3—3—5中对应故障现象的故障点，其他小组分析开环状态故障现象原因并验证。

表3—3—5 故障训练

序号	故障现象	故障点
1	在开环状态下，给定信号调节正常情况下，负载完全没有输出	1. 电源板 2. 调节板 3. 触发板 4. 外部接线端子
2	在开环状态下，给定信号调节正常情况下，负载输出电压达不到300 V	1. 外部接线端子

续表

序号	故障现象	故障点
2	在开环状态下，给定信号调节正常情况下，负载输出电压达不到300 V	2. 继电线路 (1) 主电路 (2) 控制电路 3. 触发板
3	在开环状态下，没有给定信号，负载有输出	1. 触发板 2. 其他原因

7．装置调试

（1）总结开环调试方法与步骤。

（2）写出系统调试后的主要数据。

三、项目验收

在验收阶段，各小组安排代表交叉验收，在表 3—3—6 中填写验收记录。

表 3—3—6　　DSC－32 调压/调速装置开环系统调试与检修验收记录

验收记录问题	调试与检修措施	完成时间	备注

学习情景四　学习过程评价

情景导入

教师集中讲解评价标准，小组进行任务评价。

一、工作计划评价

以小组为单位展示本组制订的工作计划，然后在教师点评的基础上对工作计划进行修改完善，并根据表3—4—1所列评分标准进行评分。

表3—4—1　　DSC－32调压/调速装置开环系统调试与检修工作计划评价表

评价内容	分值	评分		
		自我评价	小组评价	教师评价
计划制订是否有条理	10			
计划是否全面、完善	10			
人员分工是否合理	10			
任务要求是否明确	20			
工具清单是否正确、完整	20			
材料清单是否正确、完整	20			
团队协作	10			
合计	100			

二、施工评价

以小组为单位展示本组施工成果，根据表3—4—2所列评分标准进行评分。

三、综合评价

按项目要求，根据表3—4—3所列评价表对各组工作任务进行综合评价。

表 3—4—2　　DSC－32 调压/调速装置开环系统调试与检修施工评价表

评价内容		分值	评分		
			自我评价	小组评价	教师评价
调试方法	分析思路清晰	20			
	调试方法合理				
故障排除	用正确的方法排除故障点	50			
	能够正确恢复故障点				
	工具、设备无损伤				
安全文明生产	遵守安全文明生产规程	30			
	施工完成后认真清理现场				
施工额定用时：________ 实际用时：________ 超时扣分：________					
合计					

表 3—4—3　　DSC－32 调压/调速装置开环系统调试与检修综合评价表

评价项目	评价内容	评价标准	评价方式		
			自我评价	小组评价	教师评价
职业素养	安全意识、责任意识	A. 作风严谨，自觉遵章守纪，出色地完成工作任务 B. 能够遵守规章制度，较好地完成工作任务 C. 遵守规章制度，没完成工作任务；或完成工作任务，但忽视规章制度 D. 不遵守规章制度，没完成工作任务			
	学习态度主动性	A. 积极参与教学活动，全勤 B. 缺勤为总学时的 10% C. 缺勤为总学时的 20% D. 缺勤为总学时的 30%			
	团队合作意识	A. 与同学协作融洽，团队合作意识强 B. 能与同学沟通，协同工作能力较强 C. 能与同学沟通，协同工作能力一般 D. 与同学沟通困难，协同工作能力较差			

续表

评价项目	评价内容	评价标准	评价方式		
			自我评价	小组评价	教师评价
专业能力	学习情景一	A. 按时、完整地完成工作页，问题回答正确 B. 按时、完整地完成工作页，问题回答基本正确 C. 未能按时完成工作页，或内容遗漏、错误较多 D. 未完成工作页			
	学习情景二	A. 学习情景评价成绩为 90 ~ 100 分 B. 学习情景评价成绩为 75 ~ 89 分 C. 学习情景评价成绩为 60 ~ 74 分 D. 学习情景评价成绩为 0 ~ 59 分			
	学习情景三	A. 学习情景评价成绩为 90 ~ 100 分 B. 学习情景评价成绩为 75 ~ 89 分 C. 学习情景评价成绩为 60 ~ 74 分 D. 学习情景评价成绩为 0 ~ 59 分			
创新能力		学习过程中提出具有创新性、可行性的建议	加分奖励：		
班级		学号			
姓名		综合评价等级			
指导教师		日期			

学习项目四　电压负反馈单闭环直流调压系统调试与检修

实训目标

1. 能通过阅读实训任务联系单，明确实训任务要求。

2. 掌握电压负反馈单闭环直流调压系统的调试与检修方法。

3. 提高协作能力、沟通能力及自我学习的能力。

实训学时

8 课时

实训流程

学习情景一　实训任务

学习情景二　单元电路认知学习

学习情景三　计划与实施

学习情景四　学习过程评价

学习情景一　实 训 任 务

情景导入

融入行动导向的职业教育理念，通过情景化的教学设计，使学生在完成电压负反馈单闭环直流调压系统检修训练中，学习职业活动中所需的基本知识、专业技能，培养职业素养及综合分析问题、解决问题能力。

根据实训情景，明确实训任务的工作内容、时间要求及验收标准，并根据实际情况完成表4—1—1。

表4—1—1　　________________项目联系单

<table>
<tr><td colspan="2">项目名称</td><td colspan="4"></td><td>工时</td><td></td></tr>
<tr><td colspan="2">实训地点</td><td colspan="4"></td><td>联系人</td><td></td></tr>
<tr><td colspan="2">安装人员</td><td colspan="4"></td><td>承接时间</td><td>年　月　日</td></tr>
<tr><td>实训目标</td><td>能力目标</td><td colspan="3">（1）熟悉电路原理
（2）掌握隔离板电路和调节板电路的测量和调试方法
（3）准确判断故障并排除</td><td>知识目标</td><td colspan="2">（1）了解DSC－32调压柜电压负反馈单闭环调压系统结构
（2）掌握调节板电路工作原理</td></tr>
<tr><td rowspan="3">工具器材准备</td><td colspan="2">仪器设备</td><td>数量</td><td colspan="3">主要工具</td><td>数量</td></tr>
<tr><td colspan="2"></td><td></td><td colspan="3"></td><td></td></tr>
<tr><td colspan="2"></td><td></td><td colspan="3"></td><td></td></tr>
</table>

续表

	仪器设备	数量	主要工具	数量
工具器材准备				
引导资料				

任务计划			
	情景实施步骤	计划时间	过程评估与分析
任务实施时间节点			

续表

<table>
<tr><td rowspan="7">问题
讨论</td><td colspan="2"></td></tr>
<tr><td colspan="2"></td></tr>
<tr><td colspan="2"></td></tr>
<tr><td colspan="2"></td></tr>
<tr><td colspan="2"></td></tr>
<tr><td colspan="2"></td></tr>
<tr><td colspan="2"></td></tr>
<tr><td rowspan="3">教师
评定</td><td>教师建议</td><td>成绩</td></tr>
<tr><td rowspan="2"></td><td>通过 □</td></tr>
<tr><td>暂缓通过 □</td></tr>
</table>

学习情景二　单元电路认知学习

情景导入

教师组织学生勘查 DSC－32 直流调压/调速装置结构及操作过程，熟悉电压负反馈单闭环直流调压系统电路及工作原理，以及系统调试与检修方法。

一、调节板认知

指出如图 4—2—1 所示调节板原理图中元器件对应如图 4—2—2 所示调节板（TJB）上的实际位置，分析电路工作原理。

隔离板（YGD）上 W1 电位器：U_{fu}，电压负反馈整定。

调节板（TJB）上 W3 电位器：U_{fi+}，电流截止负反馈整定。

调节板（TJB）上 W4 电位器：U_{fi-}，电流保护整定。

调节板（TJB）上 W5 电位器：电流保护设定。

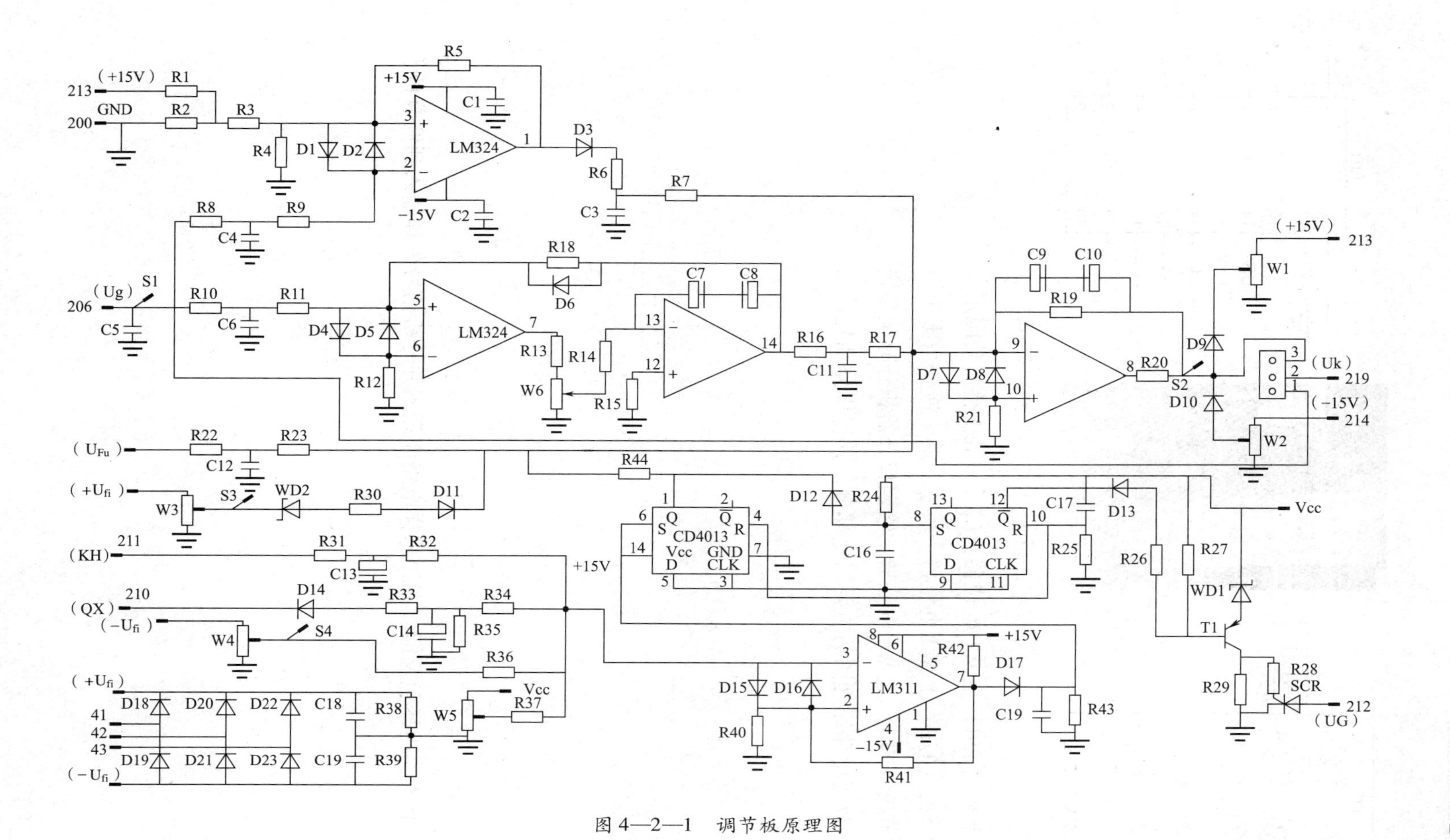
213 (+15V)
200 GND
LM324
LM324
LM311
CD4013
CD4013
206 (Ug)
(U_{Fu})
($+U_{fi}$)
(KH) 211
(QX) 210
($-U_{fi}$)
($+U_{fi}$)
41
42
43
($-U_{fi}$)
(Uk) 219
(−15V) 214
(+15V) 213
(UG) 212
SCR
Vcc
+15V
−15V

图 4—2—1 调节板原理图

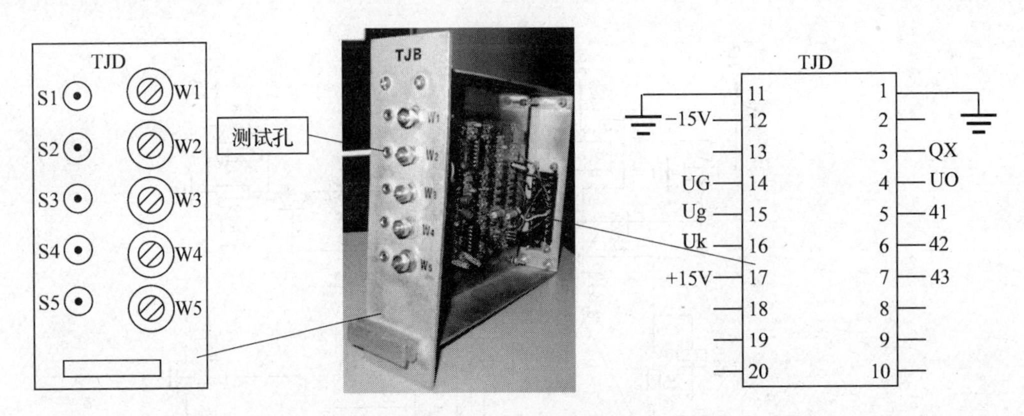

图 4—2—2　调节板实物图

调节板（TJB）上 W1 电位器：U_{kmax}，最小整流角限定。

调节板（TJB）上 W2 电位器：U_{kmin}，最小逆变角限定。

调节板（TJB）上 W6 电位器：给定积分器积分时间整定。

1．分析电路原理图的主要组成部分，其作用分别是什么？

2．什么是电压负反馈？画出采样电路原理图并分析信号怎样输入到调节板上？

3. 画出图 4—2—1 中的给定积分器电路，并分析其工作原理。

4. 画出图中 PI 调节器电路，分析其工作原理。

二、隔离板认知

指出如图 4—2—3 所示隔离板原理图中元器件对应如图 4—2—4 所示隔离板（YGD）上的实际位置，分析电路工作原理。

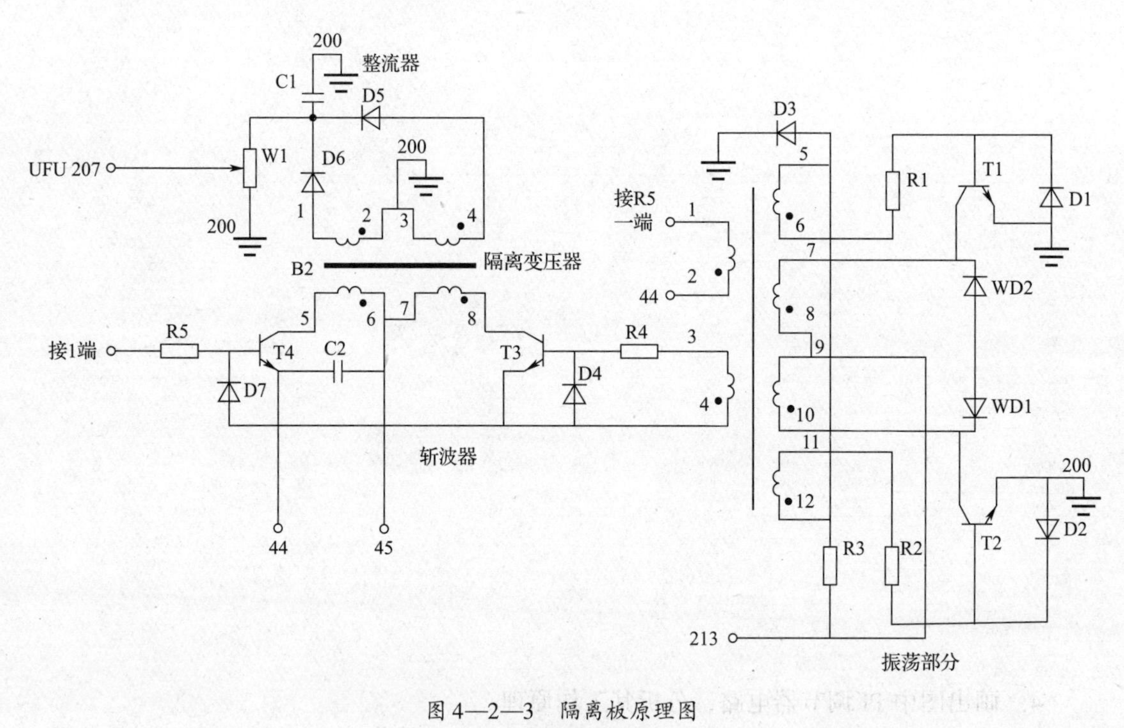

图 4—2—3　隔离板原理图

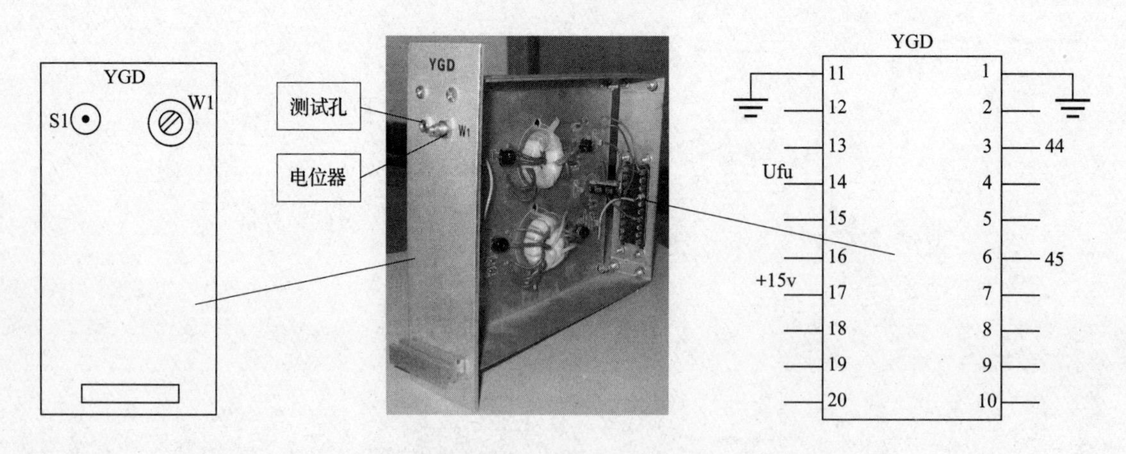

图 4—2—4　隔离板实物图

W1 电位器：电压反馈深度调节。

S1 测试孔：反馈深度电压值测试。

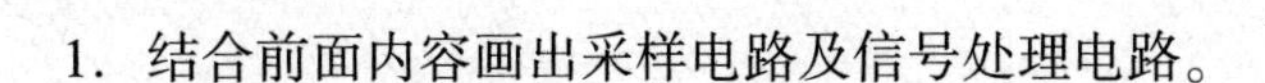

1．结合前面内容画出采样电路及信号处理电路。

2．隔离板原理图主要由哪几部分组成？作用分别是什么？

3．画出图 4—2—3 中振荡器电路，并分析其工作原理。

学习情景三　计划与实施

情景导入

教师讲解系统组成，熟悉调节板和隔离板电路器件及电路原理，掌握调试方法及数据测试方法。

一、制订施工计划

查阅相关资料，了解任务实施的基本步骤，结合实际情况，小组讨论并制订工作计划。

"电压负反馈单闭环直流调压系统调试与检修"工作计划

一、人员分工

1. 小组负责人：____________

2. 小组成员及分工

姓名	分工

二、材料清单

1. 元器件及材料清单

序号	名称	型号	数量

2. 工具清单

序号	名称	型号规格	数量

三、工序及工期安排

序号	工作内容	完成时间	备注

四、安全防护措施

二、现场施工

1. 绘制信号互联图。

2. 系统调试

（1）闭环调试准备

1）调试原则。在开环调试已经调整完的触发板（CFD）上的电位器，在闭环调试时不允许再做调整，保证开环正常方可进入闭环调试。

2）调试准备。为了保证系统在闭环调试时能顺利进行，需要提前对系统中的一些反馈信号做一些调整，有以下一些调整点需要注意：

隔离板（YGD）上W1电位器：U_{fu}，电压负反馈整定。对于电阻性负载，初始值$U_{fu}=0$ V。

调节板（TJB）上W3电位器：U_{fi+}，电流截止负反馈整定，初始值$U_{fi+}=0$ V。

调节板（TJB）上W4电位器：U_{fi-}，电流保护整定，初始值$U_{fi-}=0$ V。

调节板（TJB）上W5电位器：电流保护设定，初始值为某一正电压，一般取2.5～4 V。

调节板（TJB）上W1电位器：U_{kmax}，最小整流角限定，具体电路具体要求，一般先取5 V。

调节板（TJB）上W2电位器：U_{kmin}，最小逆变角限定，具体电路具体要求，一般先取－1 V。如果是电阻性负载，可以直接取0 V。

调节板（TJB）上W6电位器：给定积分器积分时间整定，初始值为电位最大位置。

以上检查与调节完成，断开KA、KM1、KM2，准备进行系统的闭环调试。

（2）闭环调整。调试闭环状态过程中，将相关数据记录在表4—3—1和表4—3—2中，具体调试步骤及方法如下：

1）调整系统最小整流角。最小整流角的调整原则是当给定电压U_g达到最大值U_{gmax}时，调压柜的晶闸管触发角α应该接近于0°，此时调压柜的输出直流电压达到最大值U_{dmax}。调试时首先将调节板上的跳线设置为闭环调试方式，然后将所有的控制板都插入对应位置，将给定电位器调节到最大值。此时因为系统原来的W1已经被限定在5 V左右，所以输出直流电压是达不到最大输出值的，也就是晶闸管触发角α根本达不到0°，所以需要调整调节板（TJB）上的W1电位器，使输出电压升高，直到输出电压达到最大输出电压值为止（对于本系统，$U_{dmax}=300$ V左右）。

如果有条件，应该用示波器观测装置负载两端的直流输出电压波形，看其能否调整到$\alpha=0°$

2）调整系统的电压负反馈深度。原则是当给定电压U_g达到最大值U_{gmax}时，调压柜的输出直流电压达到负载需要的额定电压值U_e。调试时先将给定电位器调节到最大值，此时因为系统没有电压负反馈作用，所以输出直流电压是最大输出值U_{dmax}，而负载需要的电压值一般是低于这个电压值的。所以需要调节电压隔离板（YGD）上的W1电位器，使输出电压降低，直到输出电压降低到负载需要的额定电压值为止（对于本系统，$U_e=220$ V）。

表 4—3—1　　最小整流角测试数据（参考点为 200 号线）

名称	被测对象	实际值（V）	对应装置位置	作用
参数调试与测试	正限幅			
	负限幅			
	反馈深度			
	积分时间常数			

表 4—3—2　　电压负反馈测试数据（参考点为 200 号线）

名称	被测对象	实际值
标准状态数据测试	电源电压	
	负载电压	
	负载电流	

3. 测试调节器电路重要参数及波形。

4. 测试隔离板电路波形及数据，详细分析其工作原理。

5. 故障分析与训练

同组学生在 DSC－32 直流调压/调速装置上设置表 4—3—3 中对应故障现象的故障点，其他小组分析故障现象原因并验证。

表 4—3—3 故障练习

序号	故障现象	故障点
1	在闭环状态下，给定信号调节正常情况下，负载完全没有输出	1. 调节板 2. 隔离板
2	在闭环状态下，没有给定信号，负载有输出	1. 调节板 2. 隔离板

续表

序号	故障现象	故障点
3	在闭环状态下，给定信号调节正常情况下，负载有输出，限幅调节不起作用	1. 调节板 2. 隔离板
4	在闭环状态下，给定信号调节正常情况下，负载有输出，反馈调节不起作用	1. 调节板 2. 隔离板
5	在闭环状态下，给定信号调节正常情况下，负载有输出且输出很小	1. 调节板 2. 隔离板

6. 系统调试

（1）总结电压负反馈单闭环直流调压系统的调试方法与步骤。

（2）写出系统调试后的主要数据。

三、项目验收

在验收阶段，各小组安排代表交叉验收，在表 4—3—4 中填写验收记录。

表 4—3—4　　电压负反馈单闭环直流调压系统调试与检修验收记录

验收记录问题	调试与检修措施	完成时间	备注

学习情景四　学习过程评价

情景导入

教师集中讲解评价标准，小组进行任务评价。

一、工作计划评价

以小组为单位展示本组制订的工作计划，然后在教师点评的基础上对工作计划进行修改完善，并根据表4—4—1所列评分标准进行评分。

表4—4—1　　电压负反馈单闭环直流调压系统调试与检修工作计划评价表

评价内容	分值	评分		
		自我评价	小组评价	教师评价
计划制订是否有条理	10			
计划是否全面、完善	10			
人员分工是否合理	10			
任务要求是否明确	20			
工具清单是否正确、完整	20			
材料清单是否正确、完整	20			
团队协作	10			
合计	100			

二、施工评价

以小组为单位展示本组施工成果，根据表4—4—2所列评分标准进行评分。

三、综合评价

按项目要求，根据表4—4—3所列评价表对各组工作任务进行综合评价。

表 4—4—2　电压负反馈单闭环直流调压系统调试与检修施工评价修表

评价内容		分值	评分		
			自我评价	小组评价	教师评价
故障分析	故障分析思路清晰	20			
	准确标出最小故障范围				
故障排除	用正确的方法排除故障点	50			
	故障点恢复				
	工具、设备无损伤				
安全文明生产	遵守安全文明生产规程	30			
	施工完成后认真清理现场				
施工额定用时：________ 实际用时：________ 超时扣分：________					
合计					

表 4—4—3　电压负反馈单闭环直流调压系统调试与检修综合评价表

评价项目	评价内容	评价标准	评价方式		
			自我评价	小组评价	教师评价
职业素养	安全意识、责任意识	A. 作风严谨，自觉遵章守纪，出色地完成工作任务 B. 能够遵守规章制度，较好地完成工作任务 C. 遵守规章制度，没完成工作任务；或完成工作任务，但忽视规章制度 D. 不遵守规章制度，没完成工作任务			
职业素养	学习态度主动性	A. 积极参与教学活动，全勤 B. 缺勤为总学时的 10% C. 缺勤为总学时的 20% D. 缺勤为总学时的 30%			
	团队合作意识	A. 与同学协作融洽，团队合作意识强 B. 能与同学沟通，协同工作能力较强 C. 能与同学沟通，协同工作能力一般 D. 与同学沟通困难，协同工作能力较差			

续表

评价项目	评价内容	评价标准	评价方式		
			自我评价	小组评价	教师评价
专业能力	学习情景一	A. 按时、完整地完成工作页，问题回答正确 B. 按时、完整地完成工作页，问题回答基本正确 C. 未能按时完成工作页，或内容遗漏、错误较多 D. 未完成工作页			
	学习情景二	A. 学习情景评价成绩为 90 ~ 100 分 B. 学习情景评价成绩为 75 ~ 89 分 C. 学习情景评价成绩为 60 ~ 74 分 D. 学习情景评价成绩为 0 ~ 59 分			
	学习情景三	A. 学习情景评价成绩为 90 ~ 100 分 B. 学习情景评价成绩为 75 ~ 89 分 C. 学习情景评价成绩为 60 ~ 74 分 D. 学习情景评价成绩为 0 ~ 59 分			
创新能力		学习过程中提出具有创新性、可行性的建议	加分奖励：		
班级			学号		
姓名			综合评价等级		
指导教师			日期		

学习项目五　DSC－32 直流调压/调速装置保护电路调试与检修

实训目标

1. 能通过阅读实训任务联系单，明确实训任务要求。
2. 掌握 DSC－32 直流调压/调速装置保护电路调试与检修方法。
3. 提高协作能力、沟通能力及自我学习的能力。

实训学时

8 课时

实训流程

学习情景一　实训任务
学习情景二　单元电路认知学习
学习情景三　计划与实施
学习情景四　学习过程评价

学习情景一　实 训 任 务

情景导入

融入行动导向的职业教育理念，通过情景化的教学设计，学生完成 DSC－32 直流调压/调速装置保护电路调试与检修，掌握过流与截流保护电路调整方法，学习职业活动中所需的基本知识、专业技能，培养职业素养及综合分析问题、解决问题能力。

根据实训情景，明白实训任务的工作内容、时间要求及验收标准，并根据实际情况完成表 5—1—1。

表 5—1—1　＿＿＿＿＿＿＿＿＿＿＿＿项目联系单

<table>
<tr><td colspan="2">项目名称</td><td colspan="3"></td><td>工时</td><td colspan="2"></td></tr>
<tr><td colspan="2">实训地点</td><td colspan="3"></td><td>联系人</td><td colspan="2"></td></tr>
<tr><td colspan="2">安装人员</td><td colspan="3"></td><td>承接时间</td><td colspan="2">年　月　日</td></tr>
<tr><td>实训目标</td><td>能力目标</td><td colspan="2">（1）熟悉电路原理
（2）掌握保护电路调试方法
（3）准确判断故障并排除</td><td>知识目标</td><td colspan="3">（1）了解 DSC－32 调压/调速装置保护系统结构
（2）掌握电路工作原理</td></tr>
<tr><td rowspan="3">工具器材准备</td><td colspan="2">仪器设备</td><td>数量</td><td colspan="3">主要工具</td><td>数量</td></tr>
<tr><td colspan="2"></td><td></td><td colspan="3"></td><td></td></tr>
<tr><td colspan="2"></td><td></td><td colspan="3"></td><td></td></tr>
</table>

续表

	仪器设备	数量	主要工具	数量
工具器材准备				
引导资料				
任务计划				

	情景实施步骤	计划时间	过程评估与分析
任务实施时间节点			

续表

	情景实施步骤	计划时间	过程评估与分析
任务实施时间节点			
问题讨论			
教师评定	教师建议		成绩
			通过 □
			暂缓通过 □

学习情景二　单元电路认知学习

情景导入

教师组织学生勘查 DSC－32 直流调压/调速装置结构及操作过程，熟悉保护电路结构及工作原理，以及用仪表测试主电路参数的方法。

一、截流与过流保护电路认知

调节板实物如图 5—2—1 所示。

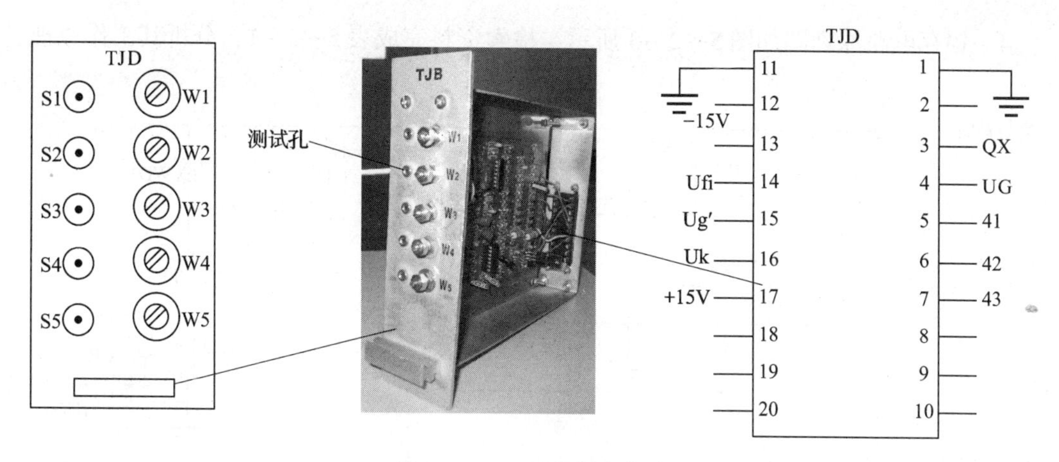

图 5—2—1　调节板实物图

图 5—2—1 中调节板保护整定值电位器：

调节板（TJB）上 W3 电位器：U_{fi+}，电流截止负反馈整定。

调节板（TJB）上 W4 电位器：U_{fi-}，电流保护整定。

调节板（TJB）上 W5 电位器：电流保护设定。

1. 保护电路的核心器件是____________，它将两个或多个输入电压进行比较。图 5—2—2 是典型的________________比较器电路。

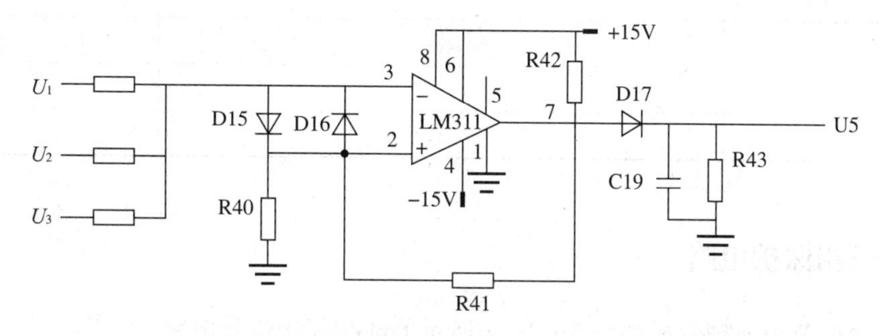

图 5—2—2　比较器电路

2. 原理图与实物相结合，图 5—2—2 中 U_1 通过电位器__________进行过电流的设定；U_2 通过电位器__________进行过电流的设定。

3. 分析 LM311 滞环比较器的工作原理。

4. 锁存电路原理图如图 5—2—3 所示，检索资料完成表 5—2—1，分析其工作原理。

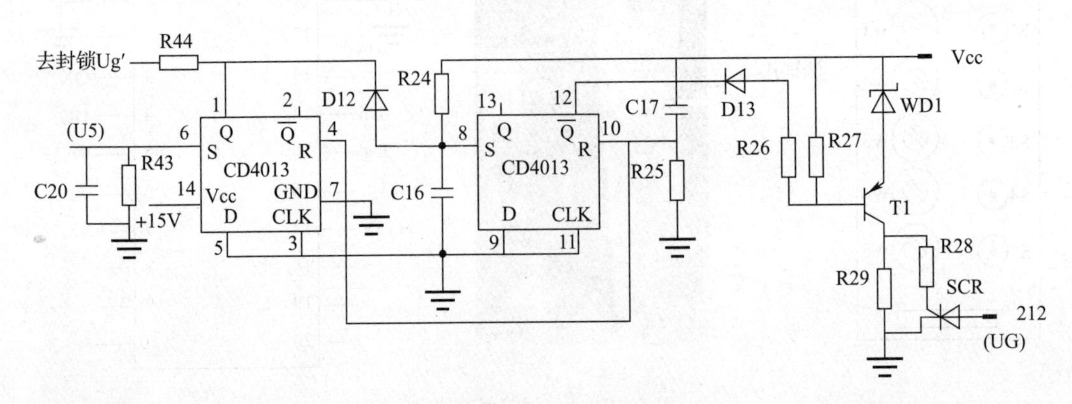

图 5—2—3 锁存电路原理图

表 5—2—1 CD4013 真值表

输入		输出	
R	S	Q	Q′

二、缺相保护电路

1. 结合调节板原理分析如图 5—2—4 所示的缺相保护信号电路。

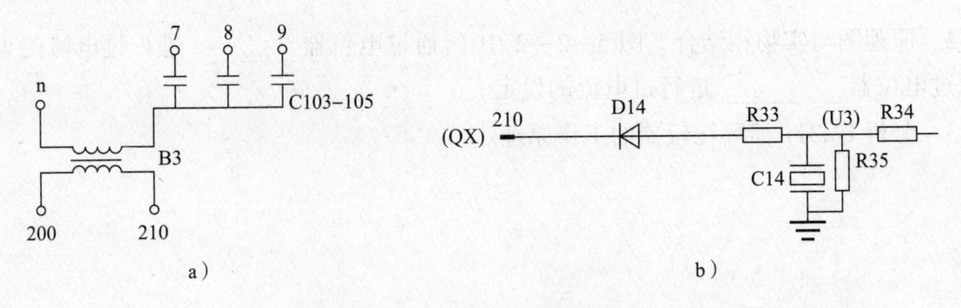

图 5—2—4 缺相保护信号电路

a）缺相检测电路 b）缺相保护信号电路

（1）分析当电路中发生缺相故障时，QX（210）的信号为________。

（2）当电路中发生过电流故障或缺相故障时，比较器的输出为________。

2. 叙述电路如何实现保护功能。

学习情景三　计划与实施

情景导入

教师讲解系统组成，熟悉保护电路器件及电路原理，掌握调试方法及数据测试方法。

一、制订施工计划

查阅相关资料，了解任务实施的基本步骤，结合实际情况，小组讨论并制订工作计划。

“DSC－32 调压/调速装置保护电路调试与检修” 工作计划

一、人员分工

1．小组负责人：____________

2．小组成员及分工

姓名	分工

二、材料清单

1．元器件及材料清单

序号	名称	型号	数量

2．工具清单

序号	名称	型号规格	数量

三、工序及工期安排

序号	工作内容	完成时间	备注

四、安全防护措施

二、现场施工

1．绘制信号互联图

2. 系统过流保护整定

（1）原则。当调压柜的负载电流超过负载额定电流一定倍数（对于本系统为额定电流的1.5倍，即15 A）时使系统的过流保护电路动作，封锁晶闸管的触发脉冲，延时一段时间后切断调压柜主电路。

（2）整定。调试时先将输出电压调节到最大输出电压值，然后缓慢增加负载，使调压柜的输出电流上升到15 A，然后缓慢调整调节板（TJB）上的W4。当调节到某一个点时，系统输出电压突然降为0 V，过一会儿过流指示灯亮起，同时主电路接触器断开，过流保护整定完成。

注意，过流保护整定需要在高电压下进行，同时调整时间要尽量短。

（3）测试并记录相关数据。

3. 系统截流保护整定

（1）原则。当调压柜的负载电流超过负载额定电流一定倍数（对于本系统为额定电流的1.2倍，即12 A）时使系统的电流截止负反馈电路起作用，形成挖土机特性。

（2）整定。调试时先将输出电压调节到最大输出电压值，然后缓慢增加负载，使调压柜的输出电流上升到12 A，然后缓慢调整调节板（TJB）上的W3。在开始调整时，输出电压应该保持不变，当调节到某一个点时，系统输出电压有所降低，说明此时电流截止负反馈电路中的稳压二极管已经被击穿，电流截止负反馈电路已经起作用，则电流截止负反馈整定完成。同样，整定需要在高电压下进行，同时调整时间要尽量短。

（3）测试并记录相关数据。

4．系统缺相保护测试

断开主电路一个快速熔断器，测试缺相保护功能，记录相关数据。

5. 故障分析与训练

同组学生在 DSC－32 直流调压/调速装置上设置表 5—3—1 中对应故障现象的故障点，其他小组分析故障现象原因并验证。

表 5—3—1　　故障训练

闭环状态		
序号	故障现象	故障点
1	在闭环状态下，负载输出正常，过流整定完全不起作用	调节板
2	在闭环状态下，负载输出正常，截流整定完全不起作用	调节板
3	在闭环状态下，过流整定时，电压表和电流表示数可以回偏到零，报警电路不工作	触发板

6. 系统调试

（1）总结 DSC－32 直流调压/调速装置保护电路的调试方法与步骤。

（2）写出系统调试后的主要数据。

三、项目验收

在验收阶段，各小组安排代表交叉验收，在表 5—3—2 中填写验收记录。

表 5—3—2　　DSC－32 调压/调速装置保护电路调试与检修验收记录

验收记录问题	调试与检修措施	完成时间	备注

续表

验收记录问题	调试与检修措施	完成时间	备注

学习情景四　学习过程评价

情景导入

教师集中讲解评价标准，小组进行任务评价。

一、工作计划评价

以小组为单位展示本组制订的工作计划，然后在教师点评的基础上对工作计划进行修改完善，并根据表 5—4—1 所列评分标准进行评分。

表 5—4—1　　DSC－32 调压/调速装置保护电路调试与检修工作计划评价表

评价内容	分值	评分		
		自我评价	小组评价	教师评价
计划制订是否有条理	10			
计划是否全面、完善	10			
人员分工是否合理	10			
任务要求是否明确	20			
工具清单是否正确、完整	20			
材料清单是否正确、完整	20			
团队协作	10			
合计	100			

二、施工评价

以小组为单位展示本组施工成果，根据表 5—4—2 所列评分标准进行评分。

表 5—4—2　　DSC－32 调压/调速装置保护电路调试与检修施工评价表

评价内容		分值	评分		
			自我评价	小组评价	教师评价
故障分析	故障分析思路清晰	20			
	准确标出最小故障范围				

续表

评价内容		分值	评分		
			自我评价	小组评价	教师评价
故障排除	用正确的方法排除故障点	50			
	故障点恢复				
	工具、设备无损伤				
安全文明生产	遵守安全文明生产规程	30			
	施工完成后认真清理现场				
施工额定用时：______ 实际用时：______ 超时扣分：______					
合计					

三、综合评价

按项目要求，根据表5—4—3所列评价表对各组工作任务进行综合评价。

表5—4—3　　DSC－32调压/调速装置保护电路调试与检修综合评价表

评价项目	评价内容	评价标准	评价方式		
			自我评价	小组评价	教师评价
职业素养	安全意识、责任意识	A. 作风严谨，自觉遵章守纪，出色地完成工作任务 B. 能够遵守规章制度，较好地完成工作任务 C. 遵守规章制度，没完成工作任务；或完成工作任务，但忽视规章制度 D. 不遵守规章制度，没完成工作任务			
职业素养	学习态度主动性	A. 积极参与教学活动，全勤 B. 缺勤为总学时的10% C. 缺勤为总学时的20% D. 缺勤为总学时的30%			

续表

<table>
<tr><th rowspan="2">评价项目</th><th rowspan="2">评价内容</th><th rowspan="2" colspan="2">评价标准</th><th colspan="3">评价方式</th></tr>
<tr><th>自我评价</th><th>小组评价</th><th>教师评价</th></tr>
<tr><td>职业素养</td><td>团队合作意识</td><td colspan="2">A. 与同学协作融洽，团队合作意识强
B. 能与同学沟通，协同工作能力较强
C. 能与同学沟通，协同工作能力一般
D. 与同学沟通困难，协同工作能力较差</td><td></td><td></td><td></td></tr>
<tr><td rowspan="3">专业能力</td><td>学习情景一</td><td colspan="2">A. 按时、完整地完成工作页，问题回答正确
B. 按时、完整地完成工作页，问题回答基本正确
C. 未能按时完成工作页，或内容遗漏、错误较多
D. 未完成工作页</td><td></td><td></td><td></td></tr>
<tr><td>学习情景二</td><td colspan="2">A. 学习情景评价成绩为 90 ~ 100 分
B. 学习情景评价成绩为 75 ~ 89 分
C. 学习情景评价成绩为 60 ~ 74 分
D. 学习情景评价成绩为 0 ~ 59 分</td><td></td><td></td><td></td></tr>
<tr><td>学习情景三</td><td colspan="2">A. 学习情景评价成绩为 90 ~ 100 分
B. 学习情景评价成绩为 75 ~ 89 分
C. 学习情景评价成绩为 60 ~ 74 分
D. 学习情景评价成绩为 0 ~ 59 分</td><td></td><td></td><td></td></tr>
<tr><td colspan="2">创新能力</td><td colspan="2">学习过程中提出具有创新性、可行性的建议</td><td colspan="3">加分奖励：</td></tr>
<tr><td colspan="2">班级</td><td></td><td>学号</td><td colspan="3"></td></tr>
<tr><td colspan="2">姓名</td><td></td><td>综合评价等级</td><td colspan="3"></td></tr>
<tr><td colspan="2">指导教师</td><td></td><td>日期</td><td colspan="3"></td></tr>
</table>

实训模块四

技能鉴定

鉴定项目一　机床电气控制线路检修

单位：＿＿＿＿＿＿考号：＿＿＿＿＿姓名：＿＿＿＿＿成绩：＿＿＿＿＿

进入考场后，操作前，请仔细阅读以下内容，按要求完成此项目。

一、说明

1. 按照要求在试卷上填写自己完整信息，字迹清楚、工整，正确无误。

2. 对试题或元器件有疑问时要举手示意监考人员。

3. 在鉴定期间不得私自更换鉴定工位。

二、试题：机床线路装配调试（本项目满分 50 分）

1. 考核内容

（1）根据电气原理图设计标准补齐线号标识和电气元件的文字符号。

（2）根据图样选择低压元器件并检测元器件的功能是否正常。

（3）安装元器件并按照原理图选择导线进行连接。

（4）检查、调试电气线路并通电试车。

2. 考核要求

（1）参与鉴定人员不得私自通电试车，通电以前要举手请考评员批准。私自通电试车一经发现将取消鉴定资格。如果鉴定过程中发现元器件损坏，更换元器件时要举手示意监考人员。

（2）参与鉴定人员要遵守考场纪律以及安全操作规程，尊重考评员，否则视为违纪处理。

3. 考核时间：180 min，不得超时。

开始时间：＿＿＿＿＿＿＿

三、考核内容、配分及评分标准

鉴定内容	配分	评分标准	扣分	得分
原理图设计	15	1. 根据电气原理图设计标准补齐线号标识，标错或不规范，每处扣 1 分，最多扣 7 分 2. 根据电气原理图设计标准补齐电气元件文字符号，标错或不规范，每处扣 1 分，最多扣 8 分		

续表

鉴定内容	配分	评分标准	扣分	得分
接线工艺	25	1. 按钮颜色选择不规范扣5分 2. 接线不进行线槽，不美观，主电路、控制电路用线不当，每根扣2分 3. 节点接线松动、接头露铜过长、压绝缘层，标记线号不清楚、遗漏或误标，引出端没有上端子排，每处扣2分 4. 损伤导线绝缘，每处扣3分 5. 端子排到按钮盒之间导线没有绕螺旋管，或者不美观，扣1～5分		
通电试车	10	第一次通电试车不成功 扣4分 第二次通电试车不成功 扣6分 未能通电试车 扣10分		
职业规范		操作过程中如果违反安全操作规范、损坏元器件或违反鉴定纪律 扣5～20分		
备注	各项扣分不得超过配分，操作过程中发生严重短路事故，本项目不得分			

考评员签字：＿＿＿＿＿＿

年　月　日

鉴定项目二　电力电子电路调试与检修

单位：______考号：______姓名：______成绩：______

进入考场后，操作前，请仔细阅读以下内容，按要求完成此项目。

一、说明

1．按照要求在试卷上填写自己完整信息，字迹清楚、工整，正确无误。

2．对试题或仪器仪表功能有疑问时要举手示意监考人员。

3．在鉴定期间不得私自更换鉴定工位。

二、试题：电子电路故障检测与排除（本项目满分 20 分）

1．考核内容

（1）根据电路图分析电路功能。

（2）观察电路的故障现象并记录。

（3）查找故障点并排除。

2．考核要求

（1）参与鉴定人员更换元器件时要举手示意监考人员。

（2）参与鉴定人员要遵守考场纪律以及安全操作规程，尊重考评员，否则视为违纪处理。

3．鉴定时间：20 min，不得超时。

开始时间：______

故障现象：______

______

三、考核内容、配分及评分标准

鉴定内容	配分	评分标准		扣分	得分
观察故障现象	5	故障现象描述不准确	扣 1 ~ 3 分		
		未观察出故障现象	扣 5 分		

续表

鉴定内容	配分	评分标准		扣分	得分
故障检测排除	15	故障分析思路错误 故障检测出未排除 未能检测出故障 扩大故障并排除 扩大故障未能排除	扣1~5分 扣5分 扣10分 扣1~5分 扣15分		
职业规范		操作过程中违反安全操作规范	扣5~20分		
备注	各项扣分不得超过配分，操作过程中发生严重短路事故，本项目不得分				

考评员签字：＿＿＿＿＿＿

年　月　日

鉴定项目三　直流调速装置检修

单位：__________ 考号：__________ 姓名：________ 成绩：________

进入考场后，操作前，请仔细阅读以下内容，按要求完成此项目。

一、说明

1．按照要求在试卷上填写自己完整信息，字迹清楚、工整，正确无误。

2．对试题有疑问时要举手示意监考人员。

3．在鉴定期间不得私自更换鉴定工位。

二、试题：直流调速系统检修与调试（本项目满分 30 分）

1．考核内容

（1）设备电气系统连接与操作。

（2）查找系统中故障并进行排除。

（3）调试系统及各项功能至正常。

2．考核要求

（1）参与鉴定人员不得私自拆改线路，一经发现将取消鉴定资格，更换元器件时要举手示意监考人员。

（2）将所查找到的故障点及故障现象填写在下面相应项目栏内。

（3）参与鉴定人员要遵守考场纪律以及安全操作规程，尊重考评员，否则视为违纪处理。

3．鉴定时间：45 min，不得超时。

开始时间：______________

故障现象一：____

故障点一：____

故障现象二：____

故障点二：____

三、考核内容、配分及评分标准

<table>
<tr><th colspan="2">鉴定内容</th><th>配分</th><th>评分标准</th><th>扣分</th><th>得分</th></tr>
<tr><td colspan="2">系统操作过程</td><td>4</td><td>连接操作过程错误　扣1～4分</td><td></td><td></td></tr>
<tr><td rowspan="3">故障排除</td><td>1#故障</td><td>10</td><td>未观察出故障现象或不正确　扣10分
能正确观察出故障现象但未查找出故障点　扣8分
查找出故障点但未恢复　扣2分</td><td></td><td></td></tr>
<tr><td>2#故障</td><td>10</td><td>未观察出故障现象或不正确　扣10分
能正确观察出故障现象但未查找出故障点　扣8分
查找出故障点但未恢复　扣2分</td><td></td><td></td></tr>
<tr><td>扩大故障</td><td></td><td>能够自行排除　扣2分
未能排除　扣10分</td><td></td><td></td></tr>
<tr><td colspan="2">系统调试
参数测量</td><td>6</td><td>参数调整不正常　扣1～3分
功能未调整至正常　扣1～3分</td><td></td><td></td></tr>
<tr><td colspan="2">职业规范</td><td></td><td>操作过程中违反安全操作规范　扣2～10分</td><td></td><td></td></tr>
<tr><td colspan="2">备注</td><td colspan="4">各项扣分不得超过配分，操作过程中发生严重短路事故，本项目不得分</td></tr>
</table>

考评员签字：＿＿＿＿＿＿

年　月　日